猫咪心事 ①猫咪行为问答

[美] 雅顿·摩尔◎著　何云◎译

The Cat
Behavior Answer Book

U0312249

北京理工大学出版社
BEIJING INSTITUTE OF TECHNOLOGY PRESS

图书在版编目（CIP）数据

猫咪心事 . 1, 猫咪行为问答 /（美）雅顿·摩尔著；何云译 . —北京：北京理工大学出版社，2019.5

书名原文：The Cat Behavior Answer Book

ISBN 978-7-5682-6852-3

Ⅰ . ①猫… Ⅱ . ①雅… ②何… Ⅲ . ①猫—驯养—问题解答 Ⅳ . ① S829.3

中国版本图书馆 CIP 数据核字（2019）第 068200 号

The Cat Behavior Answer Book
Copyright © 2017 by Arden Moore
Originally published in the United States by Storey Publishing, LLC.
This edition arranged through CA-Link International LLC.

北京市版权局著作权合同登记号：图字01-2018-9147号

出版发行 / 北京理工大学出版社有限责任公司
社　　　址 / 北京市海淀区中关村南大街 5 号
邮　　　编 / 100081
电　　　话 /（010）68914775（总编室）
　　　　　　（010）82562903（教材售后服务热线）
　　　　　　（010）68948351（其他图书服务热线）
网　　　址 / http://www.bitpress.com.cn
经　　　销 / 全国各地新华书店
印　　　刷 / 三河市腾飞印务有限公司
开　　　本 / 710 毫米 × 1000 毫米　1/16
印　　　张 / 15.5
字　　　数 / 280 千字
版　　　次 / 2019 年 5 月第 1 版　2019 年 5 月第 1 次印刷
定　　　价 / 48.00 元

责任编辑 / 赵兰辉
文案编辑 / 王　彤
责任校对 / 周瑞红
责任印制 / 施胜娟

图书出现印装质量问题，请拨打售后服务热线，本社负责调换

我要将这本书献给我可爱的朋友们，辛迪·本尼迪克特，佛洛·弗鲁姆以及吉尔·理查德森医生；和我一样热爱宠物的兄弟姐妹们，戴布、卡伦以及凯文；超有爱的外甥女克里茜和外甥安迪；我的猫咪考利和墨菲；还有有关"小家伙"以及我的第一只酷猫考基的美好回忆。

赠言

我在此要感谢所有的兽医、动物行为学家、动物收容站的工作人员、"爱猫协会"和"猫咪朋友基金会"出色的会员们，以及慷慨地将时间、精力、聪明才智奉献给本书的那些爱猫人士们。我要特别感谢我的猫科动物行为研究专家团队，琼·米勒、爱丽丝·穆恩－法尼利和阿诺德·普洛特尼克，以及我的编辑丽莎·希利。在此，让我们携手，一起为改善猫咪们的生活质量而努力。

鸣谢

我童年的美好回忆很多都是有关猫咪的，我经常会救助那些流浪猫，而我的妈妈一直坚持让我为他们找家。我爱猫，甚至时常模仿猫咪的行为——四脚着地匍匐前进并舔食碗里的牛奶。

直到长大成人，我终于拥有了自己一生中第一只猫——沙斯塔，但当时却差点因为房东的阻挠让我痛失这种幸福。房东和他们的比格犬非常讨厌猫，所以拒绝我养猫。我解释说沙斯塔只待几天而已，我还保证不会让他们看到沙斯塔，只让猫咪在我的房间里，我使劲地请求他们允许我和我的猫在一起，最终，他们终于同意了。

两年后，我准备搬家，房东担心我不会带走猫咪所以特别询问我是否会带走沙斯塔，当然，我留在这个公寓里唯一的一件东西就是那把被沙斯塔挠碎了的椅子。28岁，我带着沙斯塔搬到了加利福尼亚，两年后，我顺利拿到兽医技师的工作许可证。在接下来的 12 年里，我在一家动物医院工作，并且让更多的流浪猫有了新家。在为他们找到新家的这个过程里，我让更多的朋友确信没有猫咪陪伴的生活是多么的不完美。

这些年来，我掌握了很多关于如何让猫咪保持身体健康以及如何照顾生病猫咪的知识，但我发现，

大多数动物医院的医生和工作人员都倾向于讨论分析狗狗的恼人行为，鲜有人对猫咪的行为进行诊断和分析。这就使得猫咪被看成是不友善的、心怀恶意的、喜欢恶作剧的，或是更坏的动物。猫咪的很多行为只是他们正常的本能行为，却因此而被人误解，从而被抛弃、被送进收容站，甚至被处以安乐死。

因为无知，我在初次养猫时也犯了很多错误，我真希望那时有这本书来让我了解他们的行为，并帮助我避免犯错。虽然我现在比以前更有经验了，但雅顿的书仍然让我这个所谓的"行家里手"学到了很多关于猫咪行为方面的新知识。书中的每一页，雅顿和她的团队专家们都将猫咪的行为知识展现在你面前，让你轻松学习。现在，就开启你和猫咪之间的和谐沟通之门吧！

南希·佩特森，RVT
美国动物保护协会　流浪猫救助项目经理
猫咪作家协会主席

让我们看看猫科动物的行为。在"Cats"一词中，"C"可以解释为"聪明"，"A"解释为"态度"，"T"解释为"生命力顽强"，"S"解释为"那又能怎样"。所以别指望猫咪会赔礼道歉或是卑躬屈膝——把这些都留给乐于摇尾讨好你的狗狗们吧。猫咪们对自己最引以为傲的就是，无论他们想要什么、什么时候要，都会坦诚相告，绝不藏着掖着。

在拉斯维加斯，如果没有高价的销售组织以及日渐升温的宣传，猫咪的数量以及流行程度上早已稳步且悄无声息地战胜了人类所谓的最好的朋友。仅在全美，猫咪的数量（9050万只）就已超过狗狗的数量（7400万只）。人们可能会说："我的狗狗真的非常爱我。"但如果他们宣称："我对我的猫咪简直着迷了。我想她同样也非常爱我。"那他们绝对是在装腔作势。我们一心希望听到猫咪们马力十足的呼噜声，看到他们依偎在我们的膝盖上感到暖意十足，看到他们妙趣横生的肢体表演。当然，猫咪们可以非常好玩但也会非常挑剔，有时会让你感到很沮丧甚至还会有一点让人捉摸不透。你可能想知道，为什么猫咪会在他想让你抱抱的时候像伸懒腰似的将爪子搭在你的腿上。也许当你的波斯猫总在你的枕头上撒尿时，你会感到不知所措。如何处理毛团？

死鸟也被带回了家，还爱轻轻咬你的耳垂，怎么回事？

当你试图弄清为何猫咪要那样做时你可能会更加地迷惑不解，这也是我要写这本书的原因。请将这本书当作是解释猫咪一些奇妙的所思所为的指南。在本书中，我汇集了自己在电视、电台的各档宠物节目中、大型公开讨论会上以及作为《猫薄荷》杂志编辑和《健康》杂志的专栏作家的各种经历中，所遇到的各种与猫咪有关的问题。一旦人们发现我的工作内容——并且还有两只猫在我的家里——他们的问题就会接踵而至了。"为什么我的猫咪……""我怎样才能制止我的猫咪……""教我的猫咪如何如何的最好方法是…"我在书店里、在婚礼现场、在超市收银台，甚至是在狗狗公园里都能听到人们各种各样的问题。

一个朋友曾开玩笑地称呼我为"杜医生"，这是杜立德医生的简称，因为她曾经很多次亲眼看见我是如何通过与迷茫的猫咪主人交谈进而找到了针对猫咪的解决办法。当然，我不是一名医生，我甚至没有在电视上扮演过一名医生。但我是一名宠物专家，我几乎天天与兽医医疗及伴侣动物行为研究等领域的诸多顶尖人士一起工作。我会尽我所能为大家提供一些有关猫科动物的知识以及针对猫咪行为问题的解决方法。

因此，绝不要将"狗狗心理学"应用到猫朋友身上。一些应用在可爱的拉布拉多犬身上很合适的方法却根本无法适用于渴望关注的阿比西尼亚猫。相反，我希望读者们能够以一种包容开放的心态，并且带着对于全新知识的渴望来读这本书。传奇神医杜立德能够和动物们对话，而我将在这儿与你们直接交流。

举爪敬礼！

Arden Moore　雅顿·摩尔

目录

第四部分 猫砂盆课程

第五部分 有关猫咪的梳洗打扮和吃吃喝喝

The **Cat**
Behavior Answer Book

第一部分
做一只猫咪感觉真好

啊哈，一只猫咪的生活。一切看起来都是如此完美。衣食无忧，有大把的时间可以打盹，还有猫奴们为你们清理猫砂盆。看来我们很容易就会对猫咪的生活产生一丝丝的嫉妒，但是我们到底对他们了解多少呢？

起初，我们可能会很喜欢自己这些毛茸茸的小朋友，据史书记载，古代埃及人对于猫咪是非常崇拜的。而几百年后，时代潮流却发生了天翻地覆的变化，一些迷信的"英国佬"将几千只猫烧死在火刑柱上。可爱又可憎——这就是猫咪们数百年来的命运写照。而现在，美国家庭里，猫咪的数量甚至比狗狗还多。

在这部分中，我们会讨论到猫咪的很多方面。首先，他们喜欢思考。毕竟，在狗被人类驯化之后，他们又多等了10000年才屈尊和人类一起四处闲逛。他们喜欢对准目标猛扑过去，所以——你的脚踝会被猫咪错当成溜到过道而又动作迟缓的肥老鼠而被扑咬——也就情有可原了。他们还会用超可爱的呼噜声来引诱你，让你把膝盖借给他们舒服地睡上一觉，或是给他们一顿鱼肉大餐，要么轻轻地抚摸他们的下巴。

狡黠、率直、聪明——这就是猫咪，甚至还有更多样的个性。让我们开始吧。

真是一只聪明的猫咪

问：我们家有一只柯利牧羊犬，一只卷毛犬还有一只阿比西尼亚猫。这两个品种的狗狗的智商可是出类拔萃的，但是我的阿比猫门萨绝不比两只狗狗笨。她也能像狗狗一样被拴着皮带出去遛弯，如果她想要吃上一顿，就会走到厨房安静有礼地坐好等待。猫咪到底有多聪明？他们是如何学习的呢？

答：如果有宠物版的《危难在线！》（热门电视节目），你的三只宠物一定会击败所有对手，赢得最后胜利。没错，在他们毛茸茸的外表下面，有一个聪明异常的大脑，如果你听说猫咪们能够和人类以及狗狗一样具有学习能力的话，你完全不应该感到吃惊。

猫咪的记忆分为短期记忆和长期记忆。这可以解释他们是如何根据不同目的分别走向放在同一位置上的猫砂盆和饭碗（长期记忆）的；或者，如果这些日常用具被移至另一间屋子，他们会做出相应的调整（短期记忆）。与人类和狗狗类似，猫咪会通过观察、模仿以及试验失败、再试验来不断学习。

对于门萨来说，她可能也会表演狗狗的那套讨好主人的小把戏，但猫咪们是"我能从中得到什么好处"这一处世哲学的坚定拥趸。与狗狗们总是想方设法要讨好我们以得到美味奖赏不同，猫咪会自己思考，然后作出决定他们要干什么以及何时才干。如果他们能理性地判断出，你会带着让他们满意的奖赏出现时，他们才会愿意配合你，被你呼唤出来，坐好，或者表演几个小把戏。

猫咪也会通过密切注意屋内发生的变化来学习技巧。比如，有些聪明的猫咪通过观察他们的主人如何开门，进而尝试着模仿这类动作。我的一个朋友有一只暹罗猫舍巴，这只猫咪竟然学会了如何用爪子扳开车

库大门的门把手，为防止舍巴在车库门打开时跑掉（幸运的是，舍巴还没有发现安装在墙上的车库门开关的具体位置），我的朋友被迫在门上又加了一道门栓锁。

每种动物的行为表现都能够用进化论来给予合理解释。举例来说，你的两只狗狗会在某个潮湿闷热的午后跑到后花园刨出一个浅浅的小坑，把他们的肚子放进去降温。这种出于本能的行为在犬科动物身上出现了一代又一代。然而猫咪并不是刨坑降温的。他们的爪子不适合挖土。他们更喜欢找一处可以遮挡强光的地方纳凉，同时保持警惕防范凶猛的捕食者。而且，他们是相当有洁癖的动物，不愿弄脏自己的皮毛，所以他们才不会热衷于在泥土堆里打滚，把自己的毛发弄得脏乱不堪呢。

最后，猫咪是指挥、利用人类的大师。作为一种遵循习惯的动物，他们用自己强大的观察力，学会利用家里的各项规矩来为自己谋福利。考利是我的一只花猫，她把我训练得比我自己所意识到的还要好。至少一天一次，每当我在餐厅准备晚餐时，她都会趴在楼梯中间的台阶上，摆出一副惹人怜爱的姿态，用楚楚动人的眼神看着我，发出一声柔软的"喵呜"声。每当此时，我就会不自觉地站起身来，打开食品柜的门，给她一两块她最喜欢的鱼干让她尽情享用。

显然，她用不着跑下楼花一整天的时间来思考："我想要吃鱼干，我想知道如何才能吃到。"其实，当她第一次坐在楼梯上冲着我"喵喵"时，我就马上跳起来把美食摆在她面前，她知道自己如何才能做得恰到好处。她站定的具体位置很有策略性——刚好与食品柜处在同一水平线上。考利实在是太聪明了，总能准确拿捏住我的弱点，并充分加以利用来为自己谋福利。现在你看，谁才是真正的高智商动物？

享受睡眠

问：格雷西是我的灰色虎斑猫。她的生活一直都非常安静。她似乎不分白天黑夜地一直在睡觉。我要是能拥有她一半的睡眠时间该有多好啊。她只在短暂的玩耍时间才和我有些交流，相比之下她更喜欢吃饭。她看起来总是那么心满意足，但我还是有些担心，这么长的睡眠对于一只猫咪来说是否正常？

答：猫咪很喜欢在晚上睡一个好觉，在白天则有大把的美好时光用来打盹。猫咪们才是这个世界上真正的瑞普·凡·温克尔（昏睡不醒的人），他们每天平均要睡上 17~18 个小时，也就是说，他们的一生中有 2/3 的时间都用来睡觉。猫咪们的睡眠时间是绝大多数哺乳动物的两倍，但他们对此并不在意。

猫咪每天的睡眠时间取决于他们的具体年龄（正处于快速成长阶段的小猫仔，睡眠时间比成年猫要多）、他们感觉自己安全与否（与一只"追猫狂"的狗狗共处一室会让绝大多数猫咪保持警醒甚至筋疲力尽）以及天气状况（这可以解释为何你的猫咪会在暴风雪的天气里在你的床罩下刨一个坑钻进去呼呼大睡）。

你提到格雷西看起来显得心满意足。我想你应该确认一点：是否将心满意足和百无聊赖搞混了。百无聊赖的猫咪当然会比那些总喜欢和主人或是家里的其他宠物一起玩耍的猫咪更贪睡。所以，我建议你将每天的玩耍时间增加一些。即使只有 5~10 分

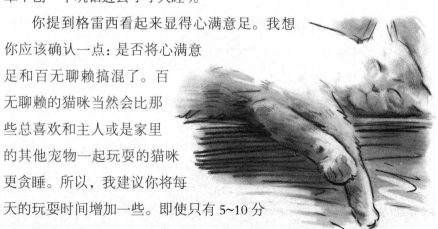

钟也可以活跃她的大脑、锻炼她的肌肉，在她进入梦乡之际，这样的玩耍经历也会令她印象深刻。

测一测猫咪的智商

你的猫咪到底有多聪明？一种可以检验猫咪智商的非正式测验方法被用来评估猫咪的辨识物体存继性的能力。研发这项测试的初衷是为了研究人类幼儿的辨识能力，在此也可以用于对猫咪的评估。

先将一个物体放置在猫咪的视野之内，比如一个玩具老鼠，然后用一个文件夹或其他实心物体放在玩具老鼠之前将其挡住。如果猫咪有 18 个月婴儿的智商，就应该知道到实心物体的后面去找小老鼠，而不是一直傻站在那儿想着小老鼠为什么看不见了呢。

一些超级聪明的猫咪能够像一名 2 岁大的儿童那样去思考，还可以跟随一个已经超出自己视线范围的物体的运动轨迹继续前进。也就是说，这些猫咪可以预测出一只已经溜出自己视线之外的活的小老鼠会在哪里出现，然后就可以伺机而动猛扑上去。

进入梦乡

问：我很喜欢看着我的猫猫睡觉。他睡觉时不停地动来动去，甚至还发出几声轻轻的尖叫。他的四肢偶尔抽搐几下，胡须也一抖一抖的。他是在做梦吗？

答：猫咪是会做梦的，但我们只能推测出一些简单的主题。你的猫咪可能正在重现白天美妙的追捕经历——在洒满阳光的窗边抓捕一只不知深浅、嗡嗡不停的苍蝇，或者在走廊上以出其不意的神速飞奔而下。也可能他正在回味一些美妙时刻，比如，你从你的餐盘里拿出最后的几块煮熟的金枪鱼放在他自己的碗里，此时他是多么陶醉。

我们的确有具体的科学证据证明，猫咪是会做梦的。和人类一样，猫科动物的睡眠也分为两种类型：REM（眼睛快速转动，即开始做梦），非 REM（深度睡眠）。这样你就会明白，你的猫咪此时处于 REM 睡眠，因为这时他的四肢总在不时抽动，而胡须也在抖动，在他合上的眼睑后面，眼睛却在隐隐约约地转动着。

对处于睡眠中的猫咪脑电波图的研究表明，猫咪的睡眠时间大约有 30% 是处于 REM 睡眠阶段，此时他们的脑电波形式与我们人类十分相似。相比之下，我们人类大约有 20% 的睡眠时间是处在 REM 睡眠阶段（但是人类的婴儿时期会有多达 80% 的睡眠时间处于 REM 睡眠阶段）。

当猫咪没有做梦时，他们就是正处于深度睡眠阶段。此时他们的身体进入休整期，骨骼和肌肉开始再生，免疫系统发挥作用以抵御疾病的侵袭。在他们的深度睡眠阶段，你能看到猫咪唯一的动作就是一起一伏、安静有序的呼吸。

> 🐾 **猫咪小常识**
>
> 猫咪是动物界的冠军级瞌睡虫，但其实蝙蝠和负鼠更能睡，这些动物每天平均可以睡上 20 个小时。

猫科动物的五种感官

问：我知道我的猫咪克里奥，她的听力比我好很多。她明明上一秒还在楼上熟睡，下一秒就能听到我在楼下打开冰箱门，因为她知道冰箱里有她最喜欢的食物——煮熟的碎鸡肉。一旦我打开食盒的盖子，她就会含情脉脉地蹭我的腿。但有时，克里奥又似乎显得很迟钝，都没有注意到摆在她鼻子底下的玩具老鼠。说到这五种感官，猫咪的感官和人类相比如何？

答: 你说得没错,猫咪的听力比人类要好上很多。如果我在一个房间里轻声说句话,你和克里奥此时都待在另一个房间,我敢打赌,克里奥能够听见我所说的每个字而你则不能。事实上,猫咪的听力甚至比狗狗还要出色。他们能够听到超声范围内,即超高频率下的声音。

声音是由振动引起的,每秒钟发生震动的次数就称为频率。频率的单位是赫兹(Hz),1赫兹等于每秒钟振动一次。猫咪的听力最高可达100000Hz,相比之下,狗狗的听力在35000~40000Hz之间,而人类的听力最高不过20000Hz。

为什么猫咪的听力会比我们敏锐这么多呢?首先,观察一下猫科动物耳朵的构造。这种圆锥形的奇妙构造可以像一个迷你碟型卫星一样来回旋转接收并分析各种声音。拥有了这种能力,他们能够接收更高频的声音,猫咪因此就能够比我们更为神速地察觉到闯入房间的老鼠所发出的吱吱叫声。现在就让我们依次探讨猫咪的其他四种感官,并相应地与我们的感官做一比较,看看结果如何。

鼻子知晓一切。猫咪通过嗅探各种情况来了解自己身处的环境。猫咪的鼻孔内壁上聚集了大约2亿个气味敏感细胞,相比之下,我们人类则只有500万个。猫咪鼻子的职能范围可绝不只限于找到散落在厨房地板上的食物碎屑,他们会利用自己的鼻子与其他猫咪进行交流。猫咪每次通过摩擦将自己头上或是爪子上所分泌出的带有自己气味的腺体留在一个物体上,将这样一份猫类专用名片留给经过此地的其他猫咪,供他们通过嗅闻来交流信息。

触感十足。猫咪都是依靠他们的

胡须和爪子来探寻自己身处的环境。你可能会惊讶地发现，猫咪的胡须并不只长在他们的脸上，在他们前腿的后部也有。他们把自己的胡须当作是触角，以此来接触他们周围的物体并借以确定自己的身体是否能够挤进窄窄的门洞。能够传递触感的有特殊功用的胡须被称作"触须"，触须能够帮助猫咪在昏暗的光线下悄悄靠近猎物以及辨别方向。即便如此，猫咪中还有些超凡脱俗之辈，在没有长胡须的情况下依然能够运用完美的策略行事。举例来说，柯尼斯卷毛猫和美国硬毛猫长着卷曲、短短的胡须；德文卷毛猫胡须极少，而加拿大无毛猫则根本就没有胡须。这些品种的猫咪尽管胡须奇短甚至没有胡须，但他们依然身手敏捷、动作奇快。

味觉并非一切。 猫咪对于食物的挑剔是出了名的，对于这种现象，现在有了一种科学性的解释。猫咪大约有 473 个味蕾，相比之下我们人类则拥有 9000 个味蕾。由于猫科动物的味蕾在数量上是如此之少，且味蕾的功能又是极其不完善的，所以他们更多的是依靠嗅觉而非味觉。所以当他们见到食物时可不会采纳狗狗们的至理名言——"先吃后闻"。

眼睛所及（明摆着）。 最后，克里奥之所以会对摆在鼻子底下的玩具老鼠视而不见，可能是因为玩具老鼠不会动。猫咪在看移动物体时的能力明显是在我们之上的，这要归功于他们超凡的周边视觉。他们的瞳孔能够比我们扩展得更大，因此也能够捕捉到范围更广的全景。但是他们可能会有一点近视，对于摆在他们鼻子下面的物体却视而不见，比如那只玩具老鼠，这是因为他们的下巴下面刚好有一处盲点。

所以，如果你继续进行猫咪和人类之间的评分，猫咪得 4 分而人类为 0 分，双方只是在视觉上打成平手。我想，我们可以为自己能够拥有一样猫咪所没有的东西感到开心了——竖起大拇指吧。

捕猎者还是猎物？

问：我很喜欢看着我的三只猫围着他们的玩具老鼠"开战"，还有不停地追逐逗猫棒上的羽毛。为什么在他们被驯化了几千年后，他们的捕猎本能依然如此强烈？

答：我们经常会将猫咪想象成气场强大的猎手，实际上他们既可能是捕猎者也可能是猎物，这要视周围存在的其他动物而定。我们先从捕猎者这部分说起吧。所有的猫科动物，从趾高气扬的狮子到趴在你的膝盖上撒娇的小猫咪，从基因上来讲都是捕猎的行家。为保证自己具备身材上的优势，猫咪通常都将注意力集中在小型哺乳动物以及鸟类身上。有趣的是，绝大多数动物学家都将猫视为小型哺乳动物的天敌以及鸟类危害分子，其实猫咪并不擅长捕鸟，除非有些鸟病弱或年幼飞不起来，要么正在地上筑巢。

捕猎行为几乎都是天生的，即使是幼猫也会表现出一种追逐移动物体的本能意愿，他们会猛扑向身边的兄弟姐妹。和我们一样，他们也是通过不断的试验—失败—再试验来学习的。他们每天的玩耍、互相追逐的过程可以帮助他们提高速度以及改善跳跃能力。

他们的妈妈会通过示范教会他们。身处户外的猫妈经常会把一只死老鼠或是死鸟带回家，当着幼猫的面吃掉猎物，以此来向孩子们演示一些必会的动作；接着，她会把一只已死的动物放在孩子们面前让他们自己去吃；最后，她会把一只将死未死的猎物带回家交给孩子们，让他们结果猎物的性命。这些经历会磨炼幼猫们的捕猎及猎杀技能。而对于那些生活在室内的猫咪来说，猎物则变成了从商店买来的玩具，还有可能是你的粉红色拖鞋。但是所学的课程却是相同的，有很多猫咪在小时候从未见过老鼠或鸟，但在成年之后却能非常迅速地学会如何抓住并杀死猎物。

当情况发生 180 度大转弯，猫咪由捕猎者变成了猎物时，他又能迅速找到并掌握逃生技能，马上切换到"战斗还是逃跑"的固定思维模式上。生存在户外的猫咪所面临的风险不仅来自隔壁的大狗，在荒郊野外他们甚至会成为郊狼、老鹰以及其他捕猎者爪下的牺牲品。他们的第一反应通常都是尽一切可能赶快逃掉，要么找一处隐蔽的场所藏起来，要么爬上树。一只走投无路的猫也能进行激烈的反抗，正如很多自以为胜券在握，最后却一败涂地的大狗经历过的那样。那些可以使他们成为合格捕猎者的有力手段同样也成了他们最好的防卫利器。我想，这一定是那句短语"爪牙并用，殊死抵抗"的出处了！

猫咪脸型的形状及其个性

当你找到一只幼猫或是成猫并决定养育他时，如何才能区分你所选择的猫咪是一只喜欢赖在你的膝盖上打盹的懒猫，还是一只害羞的猫，或是一只喜欢四处冒险的猫？尽管同一品种下的不同个体也会有显著的差别，但是有血统来源（血统纯正）的猫是会表现出某些带有个性化的特点。以收容站里较有代表性的猫咪为例，他们的个性特点可以与脸部的形状建立起某些关联。

基特·詹金斯是"聪明宠物"慈善组织的项目经理，她花了 20 多年的时间来研究动物收容站里猫咪和狗狗的行为。她还开发出了一套猫咪脸部几何形状分析的理论，这一理论的研究是基于以下事实，即猫科动物的脸型通常可分为三种形状，方形、圆形以及三角形。詹金斯注意到猫咪的基因和生活经历对于他们的所思所为会产生巨大的影响，她认为，猫咪身体的形状也会对其个性产生影响。以下内容即是她对于不同脸型猫咪的描述。

■ **方形**。这种方脸型的猫咪大都身材壮硕且结实，身型呈长方形。想想缅因猫的样子。詹金斯给他们起了外号，叫作"猫咪世界里的金毛猎犬"。方脸猫大都热衷于取悦主人，感情外露，喜欢依偎着主人并用头抵着主人。

- 圆形。这种猫有着扁平的脸，大大的眼睛，圆形的脑袋以及圆滚滚的身材。想想波斯猫和折耳猫的样子。这种猫咪可能会被称为"猫咪世界中的哈巴狗"。他们大多不是精力旺盛之辈，极易被吓到，胆小且顺从，他们只会对自己充分信任的家庭成员温柔地表达出自己的情感。

- 三角形。这类猫咪大多身材瘦长且皮毛光滑，有着大大的耳朵，而下巴处却是窄窄的。想想暹罗猫和柯尼斯卷毛猫的样子。詹金斯把这种猫称为"猫咪世界中的牧羊犬"。三角形

脸的猫咪总是充满好奇心，聪明，行动敏捷且总是滔滔不绝，他们总能活跃家庭的气氛。

詹金斯将自己的"个性理论"分享给全北美的动物救助站工作人员、动物训练师以及动物行为学家。动物行为学家和兽医都说，她的观察成果可以作为又一个强有力的工具以帮助人们找到生活方式和个性相适应的猫咪。尽管这只是一项理论，但是詹金斯的观察成果却得到了她的同事们的鼎力支持。但到目前为止，她的这一成果还未能出现在任何一本科学类期刊上。

当我决定将詹金斯的这一猫咪几何形状理论应用到我自己的三只猫身上时，我竟然找到了能够深入洞察每只猫咪其个体生活方式的手段。我的这三只猫刚好拥有上述三种个性化的脸型——这三个小家伙具备的唯一共同点就是，他们都曾经是无家可归的小可怜，带着他们各自的魅力走进了我的房子、我的心灵。

- "小家伙"是方形脸的猫咪。他已经19岁了，这只有着棕色条纹的

虎斑猫可算得上是梅洛先生。他会在我工作时花上整个下午睡在我的办公室里。他对我向他发出的口哨声总会给出回应,他还喜欢给我一个头抵头的亲密问候。

- **考利是圆形脸的猫咪。**这个 12 岁的小姑娘渴望一种安静、持续不变的有规律的生活。她总是用轻轻摩擦我的腿来羞怯地表达她对我的感情,但每当突然出现一些噪声时她又会飞奔着逃开,她还会发出抗议声来回应家中的访客。

- **墨菲是我的三角脸型的猫咪。**我基本上都是依靠这个精力旺盛、有着貂皮颜色的 8 岁小家伙来问候家中的所有访客的,另外她还监督家中所有的钟点工。她总喜欢追着在空中乱飞的小纸片到处跑,在我的浴盆里朝着四处升腾的泡泡挥动着小爪子,她也很享受我每天牵着她外出散步。

当我还在学校时,数学从来就不是我的强项,但我依然要感谢这项有关脸型的理论,我终于找到了能够将几何知识学以致用的一种手段。

眼睛里的光芒

问:当我在晚上灯光昏暗的房间里走动时,我看到我的猫咪,有时会有小小的害怕。普雷舍斯是我的一只甜美可爱的暹罗猫,但是到了晚上她的眼睛看起来似乎是黑中透着红光,流露出一丝凶残的光芒。特别是当我看完电视里播出的恐怖片后,这种感觉更为强烈。请问,是什么原因导致她的眼睛里会有这种红光?

答:一切缘于时机。在看完一部恐怖电影之后,你很容易对某些小事就心惊肉跳,但是不必担心普雷舍斯,她并没有被魔鬼附体。她的又大又圆的瞳孔使她的眼睛能够在光线很暗或是完全黑暗的情况下依然正常工作,这一点要比我们人类强上很多。作为一个总是在晨昏时分——

这是悄然接近猎物的最佳时段——最为活跃的猎手，猫咪实际上在漆黑一片的条件下的视力和我们人类在夜色下的视力是一样出色的。

找个晚上，把你的猫咪放在膝盖上，然后在明亮的灯光下仔细看看她的眼睛。你会注意到，她的瞳孔原本是椭圆形的，相比起来我们的瞳孔则是圆形的。在灯光下，她的瞳孔会变成两条窄窄的缝，这样可以保护她敏感的视网膜免受伤害。现在，把灯关掉，再来观察她的瞳孔变化，瞳孔又很快扩大以适应越来越暗的光线。在光线非常昏暗的情况下，瞳孔会充满她的眼睛，这样就使得瞳孔看起来几乎是全黑的。

至于你说到的那个红光，那是由于光线从一层被称为"反光色素层"（其形成于视网膜后方眼球后部）的组织上反射回来而产生的。其工作原理类似一面镜子，将第一次未被吸收的光线反射回去直至通过瞳孔之后，再返回到眼球瞳孔中的光感细胞。这样的结果就是，当猫咪待在一间黑暗的房间中，她的眼睛在捕捉到一束光线时就会发出有些奇异的红光。

有趣的是，由于猫咪的眼睛本来就各不相同，有些猫咪的眼睛发出的是绿光而非红光。蓝眼睛的猫——比如说你的暹罗猫——就会发出红光，而金黄色眼睛以及绿眼睛的猫在晚上则会发出绿光。

> 🐾 **猫咪小常识**
>
> 反光色素层——是指猫咪眼睛中的"反射层"——是一个拉丁短语，意即"明亮的地毯"。

有关猫咪之爱的真相

问：我的超级小甜心布巴，还是一只小猫仔，他非常喜欢依偎着我，跟着我在屋里走来走去。他超级有爱并且总是满怀深情，当然我对他的爱也是无以复加的。这或许是个愚蠢的问题，但我一直都很好奇，是不是因为我们给猫咪提供食物和住所他们才会爱我们，还是说他们真的如此有爱？

答： 这并不是个愚蠢的问题，但是想要得出答案却不容易。如果我能同猫咪对话，或是直接向猫咪世界中的成员提问，我想我就可以给你一个更为明确的答复了。猫咪是一种非常率真的动物，我想他们是会据实相告的。

既然没有与他们对话的能力，那么定义猫咪的爱就会有些复杂。我们所知道的是，猫咪确实可以明确地表达自己的感情。他们会生气也会害怕，会展示出心满意足的状态，也会将兴奋的心情表现出来。说到如何解读猫咪的爱，有一点可以确定，猫咪绝对会将那个让他拥有安全感、对他无比关心的人牢记在心的。

猫咪向他们的主人表达情感的方式多种多样，比如，双眼半睁半闭然后向主人温柔地眨一下眼睛，笔直的尾巴抽动几下，用脑袋抵着主人身体的某个部位蹭个不停。等到下一次，当你也向猫咪温柔地眨一眨眼，也向他传递一个温柔的眼神，我打赌他一定也会回复给你一个同样温柔的眼神。你还会注意到，当他看到你进屋或是听到你的声音时，他的尾巴很可能会猛地弹起来，竖直伸向空中，同时尾巴尖会兴奋地微微抽搐。观察一下，他会用自己的头顶有目的地触碰你的前额、手部或是小腿来表达对你的感情。

当我最初接纳"小家伙"时，他是一只年幼的、长着虎皮斑纹的流浪猫，他就露宿在我家的前门廊外，每个清晨和黄昏只是希望在我这里能得到一顿饱饭。我把食物放在一只碗里给他，说实话我当时还不能确定自己是否想再要一只猫。但每当我弯下腰去抚摸他时，他总是比我抢先一步，迅速地将身体伸展开，用他的头触碰我的手，同时不停地发出心满意足的"呼噜呼噜"声。

"小家伙"知道自己在做什么，他正在表明他喜欢我，结果就是他赢得了我的心。有时，猫咪表达情感的时机可能并不理想，比如，当你正在酣睡时，猫咪跳上你的床不停地用头碰你的前额。

但是如你所知，真正的爱并不在意时机对否。所以，你可以把布巴跟着你转来转去、还喜欢依偎着你这些行为当作是对你的恭维。

猫咪有幽默感吗？

德娜·哈里斯是我最喜欢的一位幽默作家，同时她也是一个资深猫奴。在她的著作《悄悄靠近：与猫咪在一起的生活》中，哈里斯列出了一份前十名的排行榜（如下所述），这份排行榜让我们知道：我们的猫咪小朋友在与我们一起生活时，其实是真的能够领会其中幽默片段的含义的。比如说：

1. 我们人类的毛发少得令猫咪们吃惊。

2. 我们仍然对自己与猫咪们进行凝视大赛能侥幸获胜抱有幻想（提示：猫咪眨了下眼睛，是因为他们在向我们表示歉意）。

3. 人类在经受阳光炙烤时，竟然不会不知不觉地倒卧在地板上。

4. 人类似乎不会考虑将一只活老鼠当作是最为有趣的室内娱乐活动。

5. 人类利用烘干机将衣服弄干叠好，而不是将头向身体里直扎进去——舔啊抻啊，这样整理衣服不好吗？

6. 人类为了将屋中各处散落的猫毛清理干净耗费了惊人的时间，而猫咪们可以在6.4秒之内将猫毛一举清理干净。

7. 我们会认为那些被放在后门廊的"惨遭斩首"的老鼠是猫咪们

送给我们的礼物。

8. 人类忽略了电脑和电视的最主要的功用——其实它们都是被用来啃咬的。

9. 我们竟然没有选择在厨房的操作台上走来走去——这个位置是能够拥有食物而不必等别人给你食物的最佳位置了。

10. 人类没完没了地对猫咪们无私奉献以及任劳任怨而且居然还乐此不疲（实际上，猫咪对我们最后这一项不但不会嘲笑还会大加鼓励）。

深感歉疚还是纯属无聊？

问：日渐增多的工作使我近期不得不长时间外出，我的猫咪基帕尔——一只漂亮的孟加拉猫——有时只能整晚独自在家。如果我外出超过一晚还无法回家，我的朋友们就会顺便去我家喂喂他，但他独自在家的寂寞时光仍然比以前要多了很多。有一次当我长途旅行后回到家，他已经把洗手间的卫生纸撕了个粉碎，在我的沙发椅上挖出了一个洞，还打翻了桌上的一个杂物盒，把里面的夹子撒了一地。当我看到这一切，就冲到他面前，对着他大喊起来。他飞快地跑掉，在床底下藏了好一会儿。请问，猫咪是否会伺机报复呢？如果他们做了我们不希望他们做的事，他们会感到歉疚吗？

答：在动物王国里，歉疚的感情只是人类所独有的。猫类和狗类以及我们其他的动物伴侣都不会体会到或是表达出歉疚的情感。将你的猫咪做拟人化的想象可能是比较吸引人的，当你因他的错误行为而惩罚他，他又匆匆逃跑，你会为这一切给出人类能够理解的解释。但事实却是，根据一些顶级心理学家的理论，这种歉疚是一种自我反思，是一种只有人类才有的情感。

歉疚是我们认识到某种行为是错的或不被社会所接受时，由此所做出的人类正常反应。猫咪则没有这种抽象思考的能力，但是他们绝对能够体会到恐惧和服从，所以人们很容易将猫咪的恐惧和歉疚混淆。

对于基帕尔来说，最大的可能是源于他对于这么长的时间独自在家感到十分无聊。感到无聊的猫咪，特别是像孟加拉猫这种精力十分旺盛的猫咪，总会为他们自己找些能够自娱自乐的事情做，即使这些事情（在沙发椅上刨洞，把卫生间里的厕纸撕成了纸屑，用爪子打翻装着文件夹子的文具盒）在你看来是完全不可接受的。而这些现象出现在某些猫咪身上时，则明确显示出了他们焦虑的情绪。一只猫咪到底是无聊还是焦虑，取决于他的性格以及与主人的关系。

基帕尔在你的大喊大叫下瑟缩了并且躲到床底下，这是因为他被你气恼的声音吓坏了，而并非是对他自己的"恶劣"行为感到歉疚。他并不明白你为何会生气，只是惊诧于你为何表现得如此可怕、如此吓人。

我的建议是，首先要拿走那些会对猫咪产生吸引力的东西。比如，当你不在家时，就要把浴室门关好，用东西把沙发罩住以免他用爪子抓挠，再把桌子上的东西都清理干净。之后，要给基帕尔提供一个能够让他释放无聊情绪的出口，比如说一个他碰一下就可以来回移动的电动玩具，一个可以让他在上面"蹲守"的坚固的窗台，这样他可以随时看到外面各种有趣的事情，也可以是一个能够让他用爪子拍来拍去的小球。你还可以打开收音机或是电视机，为房间里增加些声响，这样可以缓解他的孤独感。还可以弄些飞鸟游鱼或是其他对猫咪很有吸引力的视频放给他看，这样即使你不在家，他的注意力也会被上述内容完全占据。

当你终于能够结束出差回到家中时，还是尽量忽略掉家里的一片狼藉，开心、满怀深情地拥抱基帕尔吧。你可以经常花些时间和他玩会儿，抚摸他一会儿，这样即使你不在家里时他也不会感到孤独。当你外出工作后回到家，你会发现他冲你飞奔过来问候你的样子是如此可爱。

猫咪为什么要掩饰他们的痛感？

问：有一天我非常震惊地发现，我的长毛猫佛莱克斯的后腿上有一条深深的伤口。兽医为猫咪将伤口周围的毛剃干净并进行了仔细的检查，她告诉我这是被其他猫咪咬伤的，而且已经感染了。兽医清洗并缝合了伤口，还给佛莱克斯开了些药物。很明显，佛莱克斯一定非常疼，但是她却从未在我面前表现出任何受伤后的疼痛。我的猫咪为什么不愿意让我知道她受伤了呢？

答：猫咪是掩饰自己痛感的高手，这是因为他们想要生存下来都有赖于此。相对那些更大型的捕猎者，猫咪算是极为敏感的小型动物，决不能暴露自己的任何弱点。明显的伤病，会使他们轻而易举就成为捕猎者的目标，这也就解释了他们为什么会本能地要掩饰自己的伤痛，即使是在面对爱他们、可以保护他们的人类时也是如此。不幸的是，正因为如此，我的兽医朋友才会有如此感叹，他们的客户会有那么多惨痛的故事。这些猫咪主人带着猫咪来到诊所，经过检查才发现他们的宠物要么是癌症已经扩散到全身，要么是肾衰竭，要么就是其他已经严重恶化的疾病，而猫咪主人最初的感觉只是猫咪"看上去不是很好"。

既然猫咪更愿意掩饰他们自己的病痛，那么作为主人的我们就必须

让自己能够发现疾病症状的细枝末节。这里列举几条线索可以帮助我们及早排查并汇报给兽医。

- 排便不正常
- 饮食习惯发生变化
- 吃杂物
- 突然的体重减轻
- 呼吸困难
- 平时正常的作息习惯发生变化
- 睡眠习惯发生变化
- 与主人日常的互动发生变化
- 平时的毛发清理习惯发生变化
- 突然变得比以往更加吵闹
- 突然喜欢藏匿起来或注意力降低

对于猫的咬伤须注意

　　未被发现的咬伤会导致猫咪身上出现脓疮，脓疮是一种脓液在皮下积聚进而破裂的病变情况。类似这样的伤口几乎都需要进行药物治疗，这是因为猫咪的嘴里都带有会导致伤口感染的细菌。

　　如果你发现了猫咪的伤口而又无法马上去兽医诊所进行处理，要先将猫咪裹在毛巾里，以便你能更容易也更安全地为他清理伤口。使用过氧化氢溶液或是温水冲洗创面，尽量将伤口周围的毛发都剃掉，这样可以让伤口周围的皮肤呼吸到空气。如果你没有把握或是猫咪剧烈反抗，就先不要为猫咪剃伤口周围的毛。如果猫咪的伤口流血不止，最好用一个止血敷布。然后带上猫咪尽快找兽医去就诊，以避免让伤口进一步恶化甚至发生更严重的感染。

　　如果是你被猫咪咬伤，也要对伤口感染情况保持警惕。如果是穿透性伤口则很难清洗，而且如果伤口很深的话，就需要打上一针抗生素了。

猫咪对抓挠的热度

问：我以前一直都是养鱼和小乌龟，之后我决定要养一个更有趣、互动性也更强的宠物。我最近从我们这里的动物救助站收养了一只大块头、橘色的斑纹猫格斯。格斯虽然块头很大，但他很喜欢对着他的猫抓板拍打和撕扯。我还是幸运的，他对我的沙发还算爪下留情，没有动。他为什么这么热衷抓挠呢？

答：太棒了！首先对于出现在你生活中的小鱼和小乌龟我绝对没有任何不敬。但听到你说决定并且乐于享受与猫咪共处时，我感到很开心。我同时也很开心地听到，你是从你们那里的救助站收养了格斯，这意味着你给了一只无家可归的猫咪全新的生活。

正如你所看到的那样，抓挠是猫咪的一种肢体语言，即使猫咪没有了爪子，也依然会做出抓挠这样的动作。你还挺幸运的，格斯只喜欢他的猫抓板，而不是你昂贵的沙发椅。猫咪的抓挠行为有这样几个原因。其一，为了保持爪子的形状——我称其为"爪部护理"。这样的抓挠是为了去除爪子表面的死皮和脱落的趾甲，将爪子磨得更为锋利。这样格斯就能时刻做好准备保护自己或是随时扑向胆敢从身边溜过的老鼠了。

但是，猫咪抓挠的最重要的原因是在与其他同类进行划定地盘的交流。当格斯在抓挠某处时（当然是你允许的地方），他就留下了一张自己的"名片"。他不止留下了实物上的标记，还通过抓挠行为将自己爪子里的皮脂腺气味留在现场，以此来与其他猫咪——或是他自己——进行交流，"嘿，这里可是我的地盘"。

你提到，他只抓挠自己的猫抓板，这让你很庆幸。不过我敢打赌，如果你多加留意就会发现，格斯通过用爪子拍打、把脸蹭来蹭去等手段已经把他的气味留在门口和墙角了。所以你家的墙上和门上应该会有一

些脏兮兮、油腻腻的污物（请阅读本书第 57 页中的"猫咪与猫咪之间的交流"，获取更详细的有关气味标识方面的知识）。

踩 奶

问：无论何时，只要我一坐下，我的猫咪就会爬上我的膝盖，一屁股趴下，开始忙不迭地用前爪做踩来踩去的动作。我称之为"快乐舞蹈"。她有时也会在晚上睡觉前在我的床上做类似的事情。她为什么要这样做？

答：猫咪用自己的爪子有规律地来来回回地踩，这是一种打猫咪一出生就开始的仪式性的动作。刚出生的小猫会在他们吸吮猫妈妈的乳汁时，将爪子放在母猫的乳头周围踩来踩去，使乳汁更快地分泌出来。即使在他们断奶之后，小猫仍旧会对伴随着按摩和抚慰的吃饱后的美妙感觉记忆犹新。等到成年之后，"踩奶"（我喜欢这么称呼这样的动作）给他们带来一种非常舒服的感觉。对于猫咪来说，这是一种表达方式，能够将他们和我们共度一生的快乐和喜悦之情传达给我们。如果你定期为猫咪修剪指甲，你就能避免因为她的指甲陷进你的大腿而给你带来疼痛。

当然有些猫咪会出现热情过头的情况。有些在摩挲你时口水会流下来，还有些热情到达顶点时，会把他们锋利的爪子戳进你的大腿里。如果你的猫咪也快要把你当成"针垫"了，而且即使你定期为她修剪指甲也无法减少你的疼痛感，那么你就应该做出一些动作来适时制止她的这种行为，以免她养成一个令人不快的习惯，比如说站起身来，然后走开。当她在你膝盖上享受慵懒时光被中断几次之后，猫咪的这种摩挲你的动作就会很快变得平和起来。

让塔拉克服恐惧

　　我决定接受一家兽医学校的邀请，为在这里参加动物救助医疗课程的学生们提供讲座。我深知演示比简单说教更有力量，因此，为了找到一只超棒的"实验猫"，我参观了当地的一家动物救助站。最后我终于找到了她——一只名叫塔拉的黑色长毛猫，当时她在笼子的角落里蜷缩着，还冲我发出满怀敌意的哈哈声。

　　尽管塔拉是在前一天刚刚被当作流浪猫捕获而送进救助站的，而且还抵挡住各种诱惑不让任何人摸她，但是她的行为举止表明其实她并没有在街上经历过流浪生活。她的毛色相当光亮，这表明她一直勤于打理自己的毛发。她的体重情况也很不错，身上也看不到因打斗而留下的伤痕，而且——最为重要的信息——她没有怀孕也没有哺乳，而通常情况下，绝大多数的流浪母猫都会有上述情况出现。

　　所有猫咪在刚来到救助站时都会对陌生的声响、气味表现出暂时的恐惧感，救助站的惯常做法就是用手套或是专门的抓猫设备来处理。一只真正的流浪猫是不具备社交能力且无法被轻易触碰的。

　　之所以将塔拉作为实例，我是希望和兽医学校的学生们分享一些与猫咪相处的技能，比如，通过重复一些动物收容站的工作人员及志愿者们所采用的令猫咪感觉愉快的有效手段和交流方式，帮助像塔拉这样陷入惊恐的猫咪重新找回自信心。当猫咪们在收容站里感觉不那

么紧张时，他们就会展现出自己的真性情，这样也会增加他们被领养的机会。

在第一次探望过程中，我尽量避免直视塔拉怒气冲冲的眼睛，这是因为猫咪会将长时间的瞪视当作是对方进攻迫在眉睫的信号。经过几个阶段的试探后，我可以和塔拉说话了，还可以拿着带羽毛的逗猫棒轻轻触碰她，在她的尾部、颈部、头部、鼻子以及眼睛等处扫来扫去。她都给出了回应，而且没有发出哈哈声。等到第二次探望时，她站了起来，朝着逗猫棒上的羽毛拱起了脖子，这是一个她正在对我建立起信任的信号。

我知道此时已经可以触碰她了，于是我慢慢地把她从笼子里抱到一个小桌子上，先让臀部着地，再轻轻将四条腿放下，这样她就不会感到自己的腿被抓住了。然后我故意面对着她走开一定距离，不必过于接近她。这样她就能观察到整个房间的情况而不会感到自己被困住。在非常轻柔地和她说话的同时，我还能轻轻触碰她的皮毛。

在我的演示过程中，这只曾经惊恐万分的黑猫表现出非常合群、非常友善的姿态，而她的表现也让听课的学生们吃惊不已。塔拉现在和一家非常宠爱她的人快乐地住在一起。她的主人表示，很难相信塔拉在救助站里曾经是那样一只动辄就对人发出充满敌意的哈哈声、还很具攻击性的猫咪，因为她现在是如此甜美可爱。

四条腿的体操运动员

问：虽然感到很惭愧，但我得承认，以前我曾经抓住我的小猫让他肚皮朝上地越过我的头顶，然后再让他跳下来。我很吃惊，他是怎么把自己的身子抱在一起然后又十分轻松地四脚着地的？现在作为一个成年人，我仍然对他们的运动能力充满了好奇。猫咪们是如何掌控他们自己身体的，又是如何安全着地的呢？

答：我的建议是绝对不要在一场高空旋转比赛中试图去挑战猫咪。猫咪百战百胜，历来如此。灵巧的肌肉骨骼系统以及超强的平衡感使得猫咪即使在空中也能迅速且优雅地调整自己，绝大多数情况下还能够安全着地。你会非常吃惊地发现，猫咪没有锁骨，但他们却拥有非常灵活的脊椎。猫咪脊椎上的椎骨比人类要多上5块，这使得他们在半空中就可以灵巧地闪转腾挪。

他们超强的平衡感和协调能力来自脊椎动物所特有的前庭系统及其器官（内耳道中除耳蜗外的平衡器官），耳朵中充满液体的管道（半规管）使得无论人类还是猫咪能在走路时保持直立，还能够辨别出相对于身体而言，地面的具体方位在何处。当猫咪从空中下落时，耳朵半规管里的液体会触发其中的小绒毛组织，这样就可以帮助猫咪确定自己身体的位置，哪个方向是向上，哪个方向是向下。

人们在研究了猫咪如何从空中落下后已经有所发现，从7层楼以下的高度落下的猫咪会比那些从更高高度落下的猫咪受伤更严重。事实上，曾经有猫咪从18层楼的高度落下后依然存活。这个研究表明，在从5层楼左右的高度落下时，猫咪的下降速度会达到终端速度（即自由落体速度）。如果长于这个落地时间，猫咪就会有更多的时间调整好自己的姿势，放松肌肉，像一只会飞的松鼠一样将四肢伸展开，将下落的速度降下来。

猫咪从下落开始一直到四肢着地，整个过程就像是在跳芭蕾舞。首先，下落中的猫咪转动自己的头部和身体前部，以使

四条腿落在躯干的下面，然后身体后部迅速移动以向前部找齐。猫咪一落地，就会让两条前腿更贴近脸部以吸收部分冲击力，再弯下两条后腿以尽量缓冲应对颠簸和震荡。

尽管猫咪是如此灵活，但他们并非总能脚先落地，也有猫咪是从厨房的操作台上或是从二楼阳台上落下而受伤的。这也是为什么我要强烈呼吁所有猫咪主人都应确保自家窗户坚固可靠，以免造成猫咪坐在窗边时因自身的重量而弹开窗户跌落下去的原因。另外，不要让猫咪在没有人看管的情况下在阳台上走来走去。对于一只麻雀来说，只需拍拍翅膀就可以飞过阳台，但是对于一只喜欢抓鸟的猫来说，他就会跳起来，为了能追上小鸟而翻过阳台栏杆，奋不顾身地跳将出去。

成功的猫医生

问：现在的我已经从教师的岗位上退了下来。我非常享受带着我的那只已经获得上岗证的狗医生去疗养院和儿童医院提供帮助。但是在我拜访过的这些地方，相对于狗狗，有很多人更喜欢猫咪。我的猫咪凯，是一只年轻且非常友善的缅因猫。来过我家的访客总会说，待在凯的身边他们觉得非常舒服。每当我去拜访各种家庭和朋友时，凯都喜欢坐在我的车里与我一起驾车旅行。请问，猫咪能够成为合格的动物医生吗？

答：一位友善的动物医生的问候，能使身处疗养院和医院里的病人身体发生奇迹，不仅在情绪上甚至是身体的健康状况上都会出现极大改善。狗狗是具备上岗资格的动物医生的主力军，但猫医生的数量最近也在增加。猫咪身量小些，也更易于被人们抱起；而且猫咪拥有一个狗狗无法比拟的优势：猫咪能从嗓子里发出抚慰人心的"呼噜呼噜"声。

凯的脾气随和并且乐于和每个人打招呼,这两项特点都是猫医生所必须具备的。他喜欢旅行这也能够为他额外加分,因为绝大多数的猫咪更愿意做宅男或宅女,而并不喜欢面对和适应新环境。一般说来,缅因猫都是温和、饱含深情的大块头,因此也能够承受猫医生这样高强度的工作。有些波斯猫也可以成为猫医生,因为他们总是表现得很安静、很有耐心,他们也绝对很享受被别人满怀深情地拥在怀里的感觉。东奇尼猫作为并不常见的一个品种,也被认为可以成为理想的猫医生,这是因为东奇尼猫对陌生人都非常友好,并且喜欢坐在人们的膝盖上。但总会有些品种的猫咪是例外,当然也会有很多并非刻意要被培养成为猫医生的猫咪却能成功当选。

你可以与你所在地区的动物医生组织取得联系,这些组织都提供相应的获取工作证流程。尽管认证流程各有不同,但基本规则都要求猫咪们应至少满一周岁,各种相关疫苗都已接种完毕,健康状况良好,可承受旅行、各种噪声、人群、奇怪的气味以及被各种各样的人频繁触碰。猫医生们必须能够在被人们戳来戳去、拉拉扯扯的情况下仍保持好脾气,还要能够与各种年龄的人友好相处。

为确保凯的安全,我建议你训练他顺从地套上背带,跟着牵引绳走路,而不是只依靠搬运箱。如果他能够在牵引绳的带领下昂首阔步地走进医院的各个房间,绝对会赢得大家的喜爱。猫咪们能够表演很多小游戏,比如说直立身子后坐在后腿上,然后挥舞小爪子,跳进人们张开的双臂中,所有这些都能够令人印象深刻。

为什么是胡须?

问:我的小女儿前些天用她在幼儿园里的小剪刀把我家猫咪的胡须

全都剪了下来。我当然对她的行为感到非常生气，因为我知道猫咪的胡须对他们查探周遭环境非常重要，但我也明白其实自己并不真正懂得猫咪们是如何运用胡须的。如果一只猫咪没有了胡须会怎样呢？

答：大多数人都知道，对于绝大多数种类的猫咪来说，胡须就是他们的测量工具。猫脸两侧的胡须能够帮助猫咪判断出小洞的尺寸，以此来确定他们的身体是否能够穿过小洞而不会被卡在其中。我想这也能解释为什么我的那只身材最为圆滚滚的猫咪墨菲，总是在其他两只猫咪面前炫耀她的胡须（因为她的胡须在三只猫中是最长的）。但是正如我们在前面有关"猫科动物的五种感官"的内容中提到的，并非所有的猫咪都是依靠胡须来探路的。

猫咪的胡须还有其他一些重要的作用。猫咪可以利用自己嘴边长长的胡须四处查探猎物可能的踪迹。猫咪的胡须并没有真正触碰到物体，却能让猫咪知道物体的具体位置，这是多么神奇的一件事。胡须中的众多神经元为猫咪的大脑提供大量信息，传达出了几乎是超感官的能力。我经常将猫咪的这种"蜘蛛般的感觉"视作超人蜘蛛侠才具备的超能力。

猫咪的眼睛上也有非常纤细的须子，就像我们的眼睫毛，这些细须能够刺激猫咪的眨眼反应能力，这种能力可以帮助猫咪自动闭眼以防飞过来的灰尘和碎屑进入眼睛。下巴下方更为细微的胡须能够感知下面的物体，而前腿上的须毛则可以帮助猫咪安全着地，以及感知猎物出现与否。

胡须还能够透露猫咪的心情。当猫咪提高警

惕或是表现得心满意足时，你可以仔细观察他的胡须。当猫咪感觉很放松时，他的胡须就轻轻地支在两侧，但是，当他十分好奇或是感觉受到威胁时，胡须就会自动绷紧，指向前方。

如果你的猫咪没有了胡须，他就失去了对于平衡以及深度情况的感知，自动报警系统也会出现些许改变。兽医们给出的建议是，猫咪在失去胡须的这段时间（要 2~3 个月）里，最好只在室内活动，直到他的胡须完全长好后再恢复外出活动。

> **有关胡须的一些知识**
>
> 有关胡须的技术性名词是"触须"。举起一只放大镜仔细观察。你会发现，猫咪胡须的厚度大约是其毛发厚度的 2 倍，而胡须根部的深度是其毛发根部深度的 3 倍。猫咪上嘴唇的两侧各有 8~12 根长长的胡须。在猫咪正常的褪毛过程中，他们都会掉一部分胡须，但几乎从未一次都掉光。

关于猫展的深度知识

问：我的一个朋友养了三只哈瓦那猫，她参加了一个猫展，并邀请我参加这个展览。我经常在电视上看到各种狗展，但我不是十分清楚猫展是如何运作的。你能提供一些有关在猫展上希望有何表现并且如何表现得体等方面的知识或事项吗？

答：狗狗不是唯一喜欢面对镜头或是在裁判面前大摆 POSE 的动物，狗狗主人也不是唯一一群有强烈欲望要炫耀自己那些发育良好、毛色光滑、举止得体的爱宠的人群。参加猫展，能够有机会获得有关猫咪的更多知识。

我曾经在一次国际爱猫者协会（CFA）的冠军猫展上，看到过共计41种超过800只的猫咪一起参展。能够在同一屋檐下见到如此多的不同种类的猫咪，真是一次不可思议的绝妙经历。说实话，某些不同种类的猫咪其体型和外貌并没有特别大的差别，但是一只加拿大无毛猫（斯芬克斯猫）和一只缅因猫、一只奥西猫和一只布偶猫之间的差异还是相当大的。我吃惊地发现，原来猫咪们竟然也像狗狗一样喜欢展示自己傲人的身姿。有些猫咪甚至还会沉迷于新的猫咪大会——室内大聚会。

绝大多数猫展的评比共分为7个不同级别。和狗展相似，猫展中的猫咪并非彼此互为竞争对手，而是要根据既有的品种评选标准来给猫咪们打分。猫咪们并非是一路小跑然后排在一起进行评比，而是被带到各自的指定区域，按照各自所属的级别分别接受评委们的打分。现在的猫展主要分为以下7个比赛级别。

幼猫组，未及成猫级别标准年龄的绝育或未绝育的小猫。

成猫组，8个月以上、未经绝育且已在CFA注册的猫咪。

绝育猫组，8个月以上、已经绝育且已在CFA注册的猫咪。

大龄猫组，7岁以上且已在CFA注册的猫咪。

临时组，已在CFA注册的各个品种的猫咪但无法参加成猫组的评比。

混合组，已在CFA注册的各个品种的猫咪但无法参加临时组的评比。

家猫组，任何家养猫咪或已绝育猫咪均可参赛。

在一次猫展中能够获得奖项其实并不难。猫展中会设置各种奖项，包括最佳毛色猫、单一品种冠军猫、冠军猫种，甚至还有一个单项的评比，称为"初次参赛奖"。这一奖项的设置旨在通过评估那些年轻参与者们的"猫咪护理"以及猫咪品种等方面的知识水平，来鼓励养猫家庭都能参与到这样的比赛中。

而说到观众的注意事项，有一些要求还需要观众们谨记。在这里我可以和你们分享一些小建议。

- **在没有得到猫咪主人允许的情况下绝对不要触摸猫咪。**并非所有猫咪都喜欢被那么多的陌生人摸来摸去。而且，你也不希望将病菌从一只猫咪身上传染到另一只猫咪身上，或者将猫咪主人为爱宠花了好几个小时才做好的绝妙造型无意中破坏掉。展会上的宠物主人通常都会要求参观者在抚摸他们的宠物之前先喷洒一些杀菌剂或是芳香剂。

- **一定要把握好拍照的时机。**在打算给正在梳妆整理或是处于评比过程中的猫咪拍照之前要先征得主人的允许。

- **不要动辄就和参加比赛的猫咪主人小·声聊天。**因为他们需要集中精力仔细聆听何时叫到猫咪的编号，以做好准备参加评选，还要安抚他们的猫咪，为他们梳理打扮。如果他们有时间可以请他们回答一两个问题，但是应该由他们来主动谈及有关自己宠物包括品种和个性方面的话题，长短皆可。如果时间允许的话，几乎所有的猫咪主人都很愿意谈论他们的爱宠。应该去找那些 CFA 的项目代表，他们通常也是猫展组织者，他们会愿意回答所有与猫咪有关的问题。

- **要把你的猫咪留在家里而不是带到展会上来。**这些猫展只限于那些为争取荣誉而竞争的猫咪。当然，狗狗是绝对禁止入内的。

我喜欢这些猫展的原因之一就是它们并不是只针对血统纯正的猫咪开放的。大多数的猫展也支持家猫评比的活动，因为家猫的评比是对 4 个月以上的所有猫咪开放的。而最终的获胜者是评委们在经过对猫咪全身的皮毛情况、身体状况、健康程度、清洁程度以及猫咪们各自的表演和体现出的好性格进行综合评比后选出的。而敏捷性评比也是所有猫咪皆可参加的，包括纯种猫和混血猫。

如果你也有兴趣让自己的猫咪参加展览，就会吃惊地发现，很多猫

咪一旦在这样热闹异常的猫展上亮过相，他们就会开始享受这种过程了。家养宠物猫必须在比赛开始之前提前入场。赛事主办方对于猫展的支持可以为你的猫咪成为未来的巨星提供资料准备，而且这也是一次不错的经历。

同时令我非常感动的是，有很多猫展组织者与当地动物收容站以及救助组织进行合作，以提高猫咪们被家庭领养的机会。

五种最受欢迎的大众猫

全美的9050万只猫都是什么样的？有相当多数量的"土猫"——斑纹猫、虎斑猫、龟甲纹猫、警长猫等，长毛、短毛应有尽有。全球最大的猫咪注册机构——国际爱猫者协会（CFA）认可的纯种猫只有41个品种，以下就是最受人们欢迎的几个大众猫品种。

1. 波斯猫。从1871年起，波斯猫就稳居最受大众欢迎猫咪排行榜的前列。人们最喜欢他那种优雅、高贵的仪态以及又长又顺滑如丝的毛发。不过波斯猫需要主人每天为其打理、清洁毛发，否则容易打结形成毛团。

2. 缅因猫。全美著名的缅因猫因其大块头而令其他品种的猫咪相形见绌，但缅因猫却性格温柔可爱。这种猫咪在性格上与狗狗更为接近，其长长的毛发也是五颜六色甚是好看。

3.异国短毛猫。异国短毛猫除了毛发之外，与波斯猫很是相像。异国短毛猫的皮毛紧密厚实且柔软，长度适中，而且并不需要每天打理。他有时也被称为"穿睡衣的波斯猫"。他最为人们所喜爱的就是天真无邪的四方脸，性情平和。

4.暹罗猫。暹罗猫冠绝全球的一大特点就是"话痨"。暹罗猫拥有几乎是最具辨识度的外貌特征。爱猫人士痴迷于他们健美的身材、结实的肌肉以及顺滑的短毛；而且，暹罗猫在其脸部、耳朵、四肢以及尾巴上对称地分布有黑色花纹。他们的刺耳叫声绝对是独一无二的。

5.阿比西尼亚猫。阿比西尼亚猫聪明且活泼好动，喜欢追在人身边。阿比猫非常适合那些喜欢和自己的猫咪有大量互动的主人。他们仪表堂堂、体态轻盈灵活，脸型为稍带圆的三角形，柔软的身体，光滑浓密的短毛，身上可有几种毛色分布。

排名前十的另外五种猫分别是布偶猫、伯曼猫、美国短毛猫、东方短毛猫、加拿大无毛猫。其实，我也很喜欢那些纯种猫的鲜明个性特点以及外貌，但是当你决定要收养一只小猫或是成猫时，就应该抱有一种开放的心态。想想这一点，猫咪世界中的美都是自然而生的，没有纯种与混血之高低，所有的猫咪都只是用缩写短语 DSH（短毛家猫）和 DLH（长毛家猫）来区分。

猫咪的种类为什么这么少?

问：我很好奇，为什么狗狗的种类有 150 多种而猫咪则只有 41 种。

狗狗的体重从 5 磅到 180 磅应有尽有，他们的耳朵、鼻子以及尾巴的形状也千奇百怪、各不相同。而猫咪的体重都是在 6~20 磅之间，几乎一样的脸庞，甚至还不如毛色的种类多。请问，为什么狗狗的种类有那么多而猫咪却基本上都差不多？

答：问得好。在人类的历史上，狗狗被人类驯养成为帮手的时间要比猫咪早了数千年，这是因为我们需要狗狗帮助我们狩猎、放牧、拉雪橇以及其他各种工作。而所有这些也让人类数百年来能够更主动地繁育、优化狗狗的品种，以使他们更好地适应我们人类的需要。这也解释了为何狗狗的身型、个性以及能力会如此地千差万别。

而猫咪最初是作为猎手和伴侣为人类所驯养。人类并没有寄希望于猫咪能够帮助自己干这干那，所以猫咪也就不会像狗狗那样，无论是在品种还是在身材、体重上会有那么多的差异了。

养一只小猫还是大猫？

问：我想从我家附近的动物收容站收养一只猫，但由于我是第一次养猫，需要些建议。请问，我是应该养一只小猫还是一只大猫？有那么多等待领养的猫咪，我应该选什么样的呢？我怎么才能确定选定的那只猫就适合我？

答：你的问题都很重要。在你决定要带一只猫咪回家之前，仔细思考一些问题是很明智的。如果你准备迎接一只猫咪走进自己的生活，我的建议是要经过长时间思考之后再决定。你可以这样想一想，一只猫咪陪伴在你生活中的时间很可能会比你拥有一辆车的时间长上很多。但可悲的是，通常人们会花很长时间来考虑选择一辆其实只会开上四五年的车，但是在面对是否要收养一只可能会陪伴你 15 年甚至更长时间的猫咪时，往往只花了几分钟就做出了决定。

首先，你需要诚实面对自己的生活方式和个性特点，可能还会有点自私。新的家庭成员，无论是小猫还是大猫，都需要适应你的生活方式和个人喜好。如果你真心想要一只短毛猫，不必每天都帮他梳理毛发，所以，无论长毛猫有多漂亮，也无论朋友如何不停地在你耳边叨叨"还是养一只长毛猫吧"，都不要轻易改变自己的想法。如果你喜欢的是一只"有话必应"的话痨猫，就可以选一只活泼好动且多话的"小淘气"，而不要选一只害羞的"闷葫芦"。你是更喜欢一只崇尚独立精神的猫咪，还是更喜欢趴在你大腿上打瞌睡的猫咪呢？一只讨人喜欢的小猫会更让人难以抗拒，但是你是否真的有时间和耐心陪着这样一个精力旺盛的淘气鬼一起疯玩呢？

我建议你可以找一张纸，在上面列出自己心目中理想的猫咪应有的外貌和气质。你的任务就是：找到一只最符合你目标要求的猫咪。你们那里的动物收容所，也许有数百只猫咪需要一个家庭，所以先不要着急，慢慢来，你一定会得到一个一生都与你为伴的"小朋友"的。多去几家动物收容所参观，多关注报纸上刊登的求领养的广告。如果有的纯种猫也能很好地满足你所列出的目标要求，那你也可以联系一些纯种猫救助组织。

一旦你对自己的目标要求评估完毕，我的建议是你能够平心静气、冷静地待在救助站里，好好观察哪只猫合你的眼缘。我相信猫的直觉，我的猫咪墨菲就是这样选中的我。每当有别人试图去摸她时，她总是跑开然后藏起来，但是当我出现时，她却从小树丛里蹦了出来用脑袋一直蹭我的腿。

多年前我的朋友吉姆曾想要收养一只奶猫，于是我和他一起去了当地的动物收容所。吉姆是一个肌肉发达的大块头，但却性格文静。他每次抱起一只小奶猫，都感到是那么难以应付。他终于承认，自己不太适合将一只柔软娇小的奶猫抚养长大。最后，他把两只一岁大的成年猫带回了家，与他们一起生活了 17 年。当吉姆需要长时间工作而无法与这两只猫玩时，他们就会彼此做伴，一起玩，在暖洋洋的午后依偎在一起慵懒地打瞌睡。和吉姆一样，如果你能坦然面对自己的需求，我敢保证你一定能够找到自己最中意的动物伴侣。

给猫咪一个安全的家

收养一只成年猫或是小奶猫是一件快乐而又兴奋的事情。不过还是请你先稍微冷静一下，确保这个即将迎来猫咪的家对他来说是足够安全的。这里提供 10 项建议，帮助你确保给猫咪一个安全快乐的家。

1.将防冻液和一些车库中的危险品放在好奇心超强的猫咪够不到的地方。吞下哪怕只是一小勺防冻液对于绝大多数猫咪来说都是致命的。

2.要将各种房间清洁剂和其他喷雾剂放在柜子里锁好。在拿取药品时千万要注意，一片药都不能掉在地上，否则你的宠物就会发现它并将其视为美味而吞下。

3.注意不要将针、线、绳子等物件遗落在地上，有些猫咪还会被珠宝以及一些闪闪发光的糖果包装纸所吸引。猫咪一旦误吞了上述任何物体，都会给他们的身体造成伤害。

4.仔细检查家中的窗户，确保坚固。

5.确保家中各种电线外面的 PVC 包皮完整无损，以保障猫咪不会因此触电而受到伤害。

6.植物应放在猫咪够不到的地方。猫咪啃咬吞食的叶子会使他们感到胃部不适甚至出现肠梗阻等症状，而有些植物对猫咪来说是有毒的。

7.要仔细查看洗衣机和烘干机等处，因为猫咪很喜欢待在黑暗、温暖的地方打盹。

8. 在准备发动汽车之前，先按一下喇叭，有些猫咪很喜欢蜷缩在汽车底部打盹，喇叭声可以警醒他们离开这里。

9. 家里有躺椅或是摇椅的，在你准备坐下去之前先留意周围的情况，猫咪有可能就在椅子腿边或是躺椅深处打盹呢。

10. 要留意家中主要家用电器、大型家具——诸如冰箱、沙发或是大型书柜——摆放位置。因为如果这些家具之间的空隙过小的话，都有可能造成猫咪卡在其中。

适合家养的猫还是不适合家养的猫?

问：最近有两只瘦得皮包骨的小猫总会出现在我们饭馆后面的小巷子里，他们在搜寻一些食物残渣充饥。最初，只要我一走出来他们就会一哄而散，但是自从我开始带着食物和水出现后，其中的一只小猫开始对我产生了信任，慢慢地向我靠了过来，而另外一只猫仍旧一见到我就马上逃开。我很想收养那只对我表现得更为友善的猫咪，但是我如何才能确定哪只更适合求养呢?

答：全世界都有像你这样的好心人，把装满食物和水的小碗放在门廊处、小巷口，给那些无家可归的猫咪以关照。但是要区分出不适宜家养的猫（这是指那些出生在野外、与人类只有很少或者几乎没有互动的猫咪）和适宜家养的猫（这是指那些曾经与人们住在一起而现在走失或是被主人抛弃的猫咪）还是有些挑战性的。

在你所描述的情形中，其实这两只猫你都可以提供帮助。那只看起来更信任你的猫咪很有可能是一只走失的家猫或刚被遗弃不久，他发现自己处在更广阔的室外，而他希望自己能生活在更为安全的家里。而另一只猫则可能是只很少与人接触的猫，他并不渴望能够和人类一起生活在屋里，但却强烈希望能够找到食物，即使食物是由人类提供的，对他来说也无所谓。

对于不亲近人的猫，我建议你去联系当地的猫咪救助机构，询问他们是否可以诱捕（比如利用金枪鱼或是其他带有香气的食物来引诱猫咪）。还有一些救助机构也乐于个人借用他们的诱捕装置。

一旦猫咪被诱捕住，你可以把他带到兽医那里为他做一次全面体检以及绝育手术，给他一些美味食物作为奖励。接受完医疗处理的猫咪可再被送回到他的户外居所，因为那里还有他的一些小伙伴。

至于那只激起了你的好奇心——很显然，也走进了你的心灵的猫咪，我建议你应该尽量避免围着他做出任何的快速移动或是大声说话。不必急于求成，因为你的目的是通过一些能够被猫咪接受的象征性动作来赢得他的信任。当他最终能够主动靠近你并允许你轻轻地触摸他时，你的机会才真正到来。这个过程可能会花上数天或是数周的时间，但请记住要循序渐进。如果你担心他的安全或是健康状况，也可以加快上面的过程，比如，将他诱捕进小笼子，带着他去兽医那里做一次从头到尾的全身体检，然后再真正地收养他。祝你好运！

有关捐血猫咪的收养

你也可以考虑收养那些生活在宠物医院里作为捐血者的猫咪。这些猫咪身体健康、性情温和、乐于与人交流。另外，他们在宠物医院的最初几年里，拯救了众多受到伤病折磨的猫咪。捐血猫咪，通常都是流浪猫，年龄从1~10岁不等，体重基本上都在10磅以上，长期居住在室内。所有的捐血猫咪必须具备健康的身体状况，所以均是经过严格筛选；为确保这些猫咪的心脏状况良好，他们都接受了心电图的检查。

如果你住在一家宠物医院附近，我强烈建议你能够给予这些极为特殊的猫咪以极其特殊的情感，因为这些猫咪配得上这样的情感。

小巷流浪猫联盟

不亲人的流浪猫们都住在一起，因为他们可以彼此交流，但他们却没有兴趣和人们一起住在屋里。如果流浪猫们有自己的居所而且在得到食物的过程中争夺不会太过激烈，他们都可以通过捕猎以及在垃圾中寻找食物碎屑而生存下来，但所有这些都要视伤病以及打斗情况而定。而且，在短短一两年之内，几只流浪猫所繁衍的后代就可以超过其他巷子里的"小联盟"。

一些爱猫人士对于流浪猫的生存状况给予了越来越多的关注，他们对数量持续增加的流浪猫实施诱捕，并将他们送到兽医那里做绝育手术，以此来解决流浪猫数量越来越多的实际情况。一家总部设在马里兰州的非营利组织"小巷流浪猫联盟"，通过向人们宣传如何帮助流浪猫来达到改善他们生活状况的目的。而其中一项旨在保证流浪猫健康的工作，就是通过诱捕、做绝育手术、放归（即TNR）这一行动项目，把他们带到兽医那里进行体检和绝育手术，防止他们传播疾病以及控制流浪猫数量的过度增长。

尽量使用人道的方式诱捕流浪猫咪，然后将它们送到兽医那里进行全面的身体检查，并接种疫苗，在将他们送回到原来的住所之前为他们施行绝育手术。为了区分已经经历了TNR救助的流浪猫咪，该项目组织者在这些猫咪的耳尖上切了一个小豁口，这就好像是一个身份标签。为使TNR计划运行顺利，志愿者们必须定期为猫咪们提供食物，检查猫群的健康状况，还要时刻留意是否出现了新加入者。

聪明的柯拉特

请想象这样一幅美妙的画面：浓密的毛发，尖端闪耀着微微的银光，圆溜溜的绿色大眼睛是它们的标志——和这样一只被誉为"行走的博物馆"的泰国柯拉特猫生活在一起。泰国政府已经正式将泰国柯拉特猫确定为"国家珍宝"。创作于泰国Ayudha 朝代（1350—1767）的一部诗集《猫的诗歌》就描述了这样一些"好运"的猫。这些猫就是 Si-Sawat，在泰国人们称其为柯拉特猫。他们"毛发亮似云朵，毛尖闪亮如银"，"眼睛闪烁的光芒犹如荷叶上的露珠"。

柯拉特猫是血统最为纯正的猫咪品种之一，其体型外貌数百年来都未曾改变。现在，所有的柯拉特猫都拥有宝蓝色的毛发，而全世界的柯拉特猫的祖先全部来自泰国。所以也不难想象，柯拉特猫所体现出的与这一品种相关的一些独特的性格特点，也反映出了他们的纯粹血统。

柯拉特猫们数百年来都与人们保持着密切关系，并特别受到泰国的达官显贵以及生活在泰国的外国使节们的喜爱。Si-Sawat 猫被他们的主人视若珍宝，被认为是能够带来好运的猫，他们还经常被当做新婚贺礼馈赠给新婚夫妻。一些人把这种猫训练成为婴儿的"守护神"，当大人把婴儿放进婴儿床之前，猫咪就会对床先进行检查，以防床上出现蝎子。

而现今的柯拉特猫也出人意料地表现出了对于他们主人和家庭的依恋之情。他们尾随着主人在屋子里走来走去，通过各种各样富有表现力的声音与主人进行交流。柯拉特猫是一个很好的"倾听者"，他们总是仔细观察、深思熟虑、小心翼翼，柯拉特猫通常比较适合较为安静的家庭收养。

在描述柯拉特猫时，首先要提到的一个特点就是"聪明"。绝大多数猫咪的聪明都是基于本能，但是柯拉特猫的聪明却体现出了"睿智"的一面。他们能够轻而易举地学会一些具体的单词指令以及一些小游戏，还会进出所有的柜橱。所有的柯拉特猫的主人都很喜欢交流自家猫咪的非凡之处，比如超凡的记忆力、思考能力以及解决难题的聪明手段等。

西雅图有一对夫妇经常带着他们的柯拉特猫出海旅行。出于安全考虑，柯拉特猫被禁止登上甲板玩，除非她戴上牵引绳。于是，当她想和自己的主人一起去甲板上时，就会叼起牵引绳走向舷窗。

柯拉特猫幼仔还喜欢自己选择主人。当一个装着好几只小奶猫的猫窝放在未来的猫咪主人面前时，所有的小奶猫都会表现得很好奇，但通常只会有一只奶猫确定这一位就是他的主人了，并且还能成功地爬到主人的膝盖上，不停地舔着毛，表现得如此令人难以抗拒。而与此同时，其他的小奶猫则显得要么疏离要么害羞。

这些有着卓越表现的柯拉特猫们之所以赢得人们的真爱，与他们摄人心魄的美丽同样重要的还有他们迷人的性格。

宠物猫、宠物鸟和宠物鼠住在一起了？我的天！

问：布雷迪和邦池家终于联姻了。我的新婚丈夫和我都努力将这两个大家庭融合在一起，包括两家十几岁的孩子以及要生活在同一屋檐下的猫咪、鸟还有宠物鼠。我们俩一直都乐观地期待着和谐生活的开始。我有两只精力旺盛的猫咪，我丈夫则有一只会说话的鸟和几只宠物鼠。我之前从未养过鸟和宠物鼠。请问，这样几种完全不同的动物能够融洽地生活在一起吗？

答：预防在前是非常关键的。首先，你的两只猫咪不大可能不将他

们的这些新伙伴视为潜在的美味食物。即便有些猫咪并不是十足的猎手，相比于捕猎他们更喜欢碗里现成的食物，但你肯定也不想冒险让这些鸟和宠物鼠的活蹦乱跳激起猫咪的捕猎本能。

即使你的猫咪看起来对鸟和宠物鼠的兴趣并不是很大，也决不要把他们单独留在家中。如果家里没有人能专门照看这些动物，那么就确保鸟和宠物鼠能安全地待在猫咪够不到的笼子里。你肯定不希望家中出现真实版的"猫咪扑鸟"游戏或是"老鼠谋杀案"。

还有一点很重要，你要向猫咪们表明鸟和宠物鼠也是家庭成员。要仔细留意猫咪的行为是否传递出了这样的信号——他们更想杀死而非喜欢鸟和老鼠：虎视眈眈的猫咪公然表现出了好奇心，坐在那里一动不动，眼睛一眨不眨地紧盯着猎物，尾巴轻轻地抽搐着，耳朵折向后面。还有一个重要的线索需要留意：猫咪会在他们匍匐前进准备杀戮前表现得非常安静，但是，也有很多猫咪在他们起身看到鸟儿时会发出与众不同的咕噜声。

当然，如果你的猫咪在鸟儿和宠物鼠身边表现得很放松，你就应该对他们这种礼貌、得体的行为给予表扬，给他们一些食物作为奖励，这一点非常重要。如果有一只猫做出了令你不满的举动，比如用爪子拍打鸟笼或者绕着宠物鼠的盒子走来走去，你就可以冲他扔一个小枕头或是喷点水，吓一吓他，分散他的注意力（但是可别真的伤到他！）。你此时向他传递的信息就是，如果他再用爪子拍打鸟笼或是紧盯着不放，你可就对他不客气了。尽管我并不十分赞成惩罚这种手段，但我也同意应保证鸟儿和鼠的安全。你无法抹杀掉猫咪作为猎手的天性，所以如果你希望家中无论是长毛的动物还是长羽毛的动物都能和平相处的话，那么我建议你还是应该做些额外的预防措施，以确保鸟和宠物鼠能安全地待在猫咪够不到的地方，以免猫咪好奇心发作。还要确保猫咪无法跳到笼子上面或是停在笼子附近，把爪子伸进笼子里。

有很多不同物种的宠物都能和平相处，或者至少能够容忍彼此。有些猫咪——尤其是那些从小就和鸟、宠物鼠生活在一起的猫咪——能够淡化自身捕猎的本性而和对方成为朋友。但是，你还是要对他们的行为保持警惕，这样你才能做到成为所有宠物的好朋友。

真的还是假的?

有一些我们曾经普遍认定的有关猫咪的"事实"，其实完全是虚构出来的。

如果猫咪们病了就会吃草

猫咪并不是非要吃草，主要是因为他们感到胃里不舒服，需要吃草来催吐。有些猫咪其实是喜欢草的味道和其中的纤维。草中的纤维能够帮助猫咪吐出体内的毛球并补充维生素，比如他们在肉类中无法得到的草酸等。

肥猫其实更快乐

体重超重的猫咪其实会面临一系列的健康问题，比如糖尿病、肝病以及关节炎。让你的猫咪保持理想的体重才能够使他拥有更为健康、长寿的生活。

牛奶对于猫咪来说是一种健康食品

出生不久的幼猫在断奶之后，他们的乳糖酶（一种可以帮助消化乳糖的酶）水平会下降近90%。这也解释了为什么很多成年猫如果进食过多的牛奶会出现腹泻和呕吐。一次进食1~2小勺的牛奶不会有什么问题，但牛奶在猫咪的食谱中其实并非必不可少。对猫咪来说，更好的选择是一勺普通的酸奶。

The Cat
Behavior Answer Book

第二部分

和你的猫咪聊聊天

因为我们人类具有说话交流的能力，所以我们轻而易举就可以成为世界上最好的交流者。有些人可以掌握好几门语言，还有人擅长发表激动人心的演讲。但是有一个事实就摆在我们面前：就表达能力而言，我们的猫咪其实比我们要清晰明确得多。

猫咪是直截了当的交流者。他们的首字母"C"就代表着"坦率、爽直"。他们绝不会虚与委蛇、虚情假意。如果他们被惹毛了，就会大声叫嚷；如果他们心满意足，就会发出"呼噜呼噜"声。猫咪之间的交流，几乎不会出现理解上的偏差，一系列的肢体语言以及发出的各种各样的声音都可以清晰地传达信息。

但是在人与猫咪之间，交流障碍却经常发生。有时，我们会将自己所看到的某种行为视为猫咪对我们的反抗，比如他们会将浴室中的地垫当做猫砂盆在上面排便，但其实这种行为却可能是因为他们身体不舒服而在向我们求救。我们有时也无法理解为什么猫咪在面对我们的亲热拥抱时会逃开，而在家中有访客时却又总是敏感地探头探脑。我们也无法弄清楚"咪哦"和"喵呜"这两种叫声之间有何区别。

我们只有学会一些猫咪之间的"语言"，才能更好地与我们的猫咪进行交流。随着学习的深入，刚开始我们可能会遇到些小麻烦，但一切都会好的。

说啊，说啊，说

问：我的猫咪曼迪超级爱说话，只要早晨我一起床，她就开始冲着我"喵喵"地叫个不停。如果我也用"喵喵"声回应她，她就会随声附和，只要我愿意一直这样逗下去，她也会乐此不疲。而我的另一只猫维斯帕却非常安静，极少冲我讲话。为什么有的猫咪这么多话而有的猫咪却刚好相反呢？

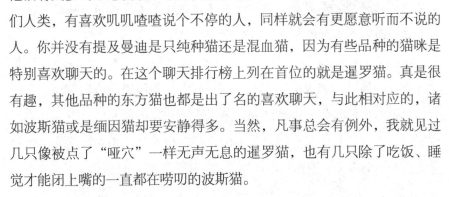

答：很简单，那是因为有的猫咪比其他猫有更多的话想要说。猫咪其实很像我们人类，有喜欢叽叽喳喳说个不停的人，同样就会有更愿意听而不说的人。你并没有提及曼迪是只纯种猫还是混血猫，因为有些品种的猫咪是特别喜欢聊天的。在这个聊天排行榜上列在首位的就是暹罗猫。真是很有趣，其他品种的东方猫也都是出了名的喜欢聊天，与此相对应的，诸如波斯猫或是缅因猫却要安静得多。当然，凡事总会有例外，我就见过几只像被点了"哑穴"一样无声无息的暹罗猫，也有几只除了吃饭、睡觉才能闭上嘴的一直都在唠叨的波斯猫。

猫咪学东西很快。他们明白我们人类记性不好，经常就会将他们如此明白的肢体语言忘得一干二净，于是他们就利用或简单或复杂的各式各样的叫声来表达不同的意思。他们经常会试着用声音来和我们交流。

听起来你好像很享受与曼迪聊天的过程，所以我建议你可以借助这一过程来加强你们之间的联系。即使她并不能清楚地理解你说的每句话，但是她依然会很喜欢你发出的非常温柔、友善的声音，还有给予她的关注。英格兰布里斯托大学进行的行为研究表明，那些愿意模仿自

己爱宠行为的猫咪主人与自己猫咪的关系更加亲密，而且那些经常与主人玩耍交流的猫咪，其性格更加外向、友善，交流能力也更好。

在每天结束奔波之后坐下来，享受你和曼迪在一起的时间，对曼迪来说，重点不是你说了些什么，而是你说话的语调以及你陪伴她的心意。当然，你也不要忽略了维斯帕——他不说话并不意味着他不渴望你的关注和宠爱！

躲不开的"猫缘"

问：我的两只猫咪经常对那些总想爱抚他们的访客们避之不及，却总是喜欢热情地扑向我的一位对猫严重过敏的朋友！请问，为什么猫咪会直直奔向一个总想躲开他们的人？

答：有一部分人——还有狗狗——会很享受众星捧月的感觉，但是猫咪在这一点上却表现出与众不同的一面，任何快速向他们移动过来的物体都很有可能被他们视作威胁。所以，即使你的朋友只是很喜欢你的波斯猫，想在他脸上亲上一口，你的小猫咪也绝不想陷入这过分亲热的爱抚当中，会奋力挣脱跑掉。

猫咪喜欢由自己发号施令、控制局面，因为这样对他们自己来说更为安全，当然毫无疑问也显得自己更为威严。那位对猫严重过敏的朋友很显然要尽量避免引起猫咪的注意或是避免与猫咪有身体上的接触，但是在猫咪看来，这却恰恰表现了非常友好的态度。你的朋友完全会错意了，他认为尽量对猫咪置之不理就不会引起他们的兴趣，但效果却刚好相反，猫咪们将其视为没有威胁的、友善的举动。

听起来有些傻，但是如果下一次你的猫咪再试图接近你的朋友时，你可以让他冲猫咪热情地拍拍手、挥一挥胳膊，这样猫咪马上就会提高警惕，不再轻易靠近了。你也不想吓唬猫咪，但这些动作却足够让猫咪讨厌这个人的了，这样猫咪就会和你的朋友保持一定距离了。

其实最简单的办法就是，在你家有访客时，把猫咪们带到另一间房并关好房门。要在房间里准备好一些必备物件，比如猫砂盆、水碗、饭碗、安乐窝、一两件玩具，当然还要有一大片视野较好的地方，可以让他们趴在那里做个"八卦邻居"，仔细监视外面的动向。

至于你那些爱猫的朋友，可以建议他们安安静静地进屋，最好像根木头一样，先在沙发上坐上几分钟别动，也不要与猫咪有眼神上的交流。只有类似这样更为安静的肢体语言，才会赢得猫咪们的兴趣，与他们产生互动。

猫咪的"呼噜"声

问：我的猫咪菲利克斯很喜欢发出"呼噜呼噜"的声音，而且声音还相当大。我能做的也只是轻轻地抚摸他，直到他的声音慢慢低了下去。但是我姐姐的猫咪金格，却几乎从不发出这样的声音，即使她看上去相当开心且吃饱喝足的样子。对于猫咪为何要发出"呼噜呼噜"声，我听到过各种各样不同的说法，哪个说法才是真的呢？

答：人们被猫咪发出"呼噜"声这一现象所吸引已经有很长时间了，但是至今也没有人能够对此给出准确的答案。有一点是比较确定的，即猫咪发出的这种"呼噜"声是由中枢神经系统所控制，

因而是故意为之的行为。换句话说，猫咪发出"呼噜"声是带有某种目的的，并不是一种本能的反应。

科学家们的研究报告表明，猫咪"呼噜呼噜"的生理原理是利用横膈膜推动气流在喉部的振动神经处进出，从而发出"呼噜呼噜"的声音。这种声音的频率在 25~150Hz 之间，处于这一频段的较低端，与空转的柴油发动机发出的声音近似，转速较低。

> 🐾 **猫咪小常识**
>
> 你知道吗，猫咪在呼气和吸气时都会发出"呼噜"声，这项绝妙的技能是我们无法模仿的。你可以试一下，呼气和吸气时都试着发出一声"呼噜"声，这简直比我们快速说上十遍绕口令还要难。

所有的家猫与绝大部分流浪猫生下来就会发出"呼噜呼噜"的声音。无论是大猫还是小猫，往往都会在心情不错的时候发出这样的声音，比如享受主人的爱抚，吃到美味的晚餐，或是躺在柔软舒适的床上。猫妈妈会在照顾幼猫时发出"呼噜呼噜"的声音，而幼猫则会在接受猫妈妈照顾时发出同样的声音。

但是有很多猫咪在害怕或者感到疼痛时也会发出"呼噜呼噜"的声音。这也有助于解释——为何母猫在分娩时会发出这种声音；为何有些猫咪在兽医诊所接受身体检查或是处于伤病恢复阶段时也会发出这种声音。这种"呼噜"声可能是猫咪发出来安慰自己、用来缓解恐惧的心情的。还有些研究表明，类似这样的低频率的"呼噜"声可以刺激猫咪的肌肉和骨骼，使它们保持健康并加速恢复过程。猫咪的"呼噜"声会一直陪伴其左右，直至生命终结。几年前，我的爱猫萨曼莎饱受严重的肝病折磨，被迫为她实施了安乐死。她的"呼噜"声使我们的心灵都得到了慰藉，直至她最终在我怀中安详地逝去。

猫语密码破译

不管你家的猫咪是个话痨还是个闷葫芦，可能你都已经注意到了，她能够发出各式各样、长短不一的声音。有些事实可能会让你很吃惊：猫咪能够发出大约 30 种声音，仅仅是简单的"喵呜"声就至少有 19 种不同的含义。在这里我们仅列出几种最为常见的猫咪叫声。

咪哦（MEW）。这种快乐、声调尖锐的声音通常是在催促主人们赶快满足猫咪的要求，比如说"请快点给我添饭啊"或是"我想出去玩"等。小猫咪们在希望得到猫妈妈的照顾时也会发出这样的叫声。

喵呜（MEOW）。猫咪们发出这种长长的、催促的声音是在提出要求或是表达不满。其中的"ME"是在向主人表明"我在这呢"，而"OW"则是一种宣告，"关注我"。"喵呜"声有时候是表达对主人过度爱抚的不满或是不屑，又或是当发出一声礼貌的"咪哦"的呼唤之后，对遭到冷遇表达的愤怒之情。

啾啾（CHIRP）。这种从喉部发出的短促尖锐的颤音，在尾音部分出现变化，音调升高。猫妈妈在哺乳时会发出这种声音，呼唤幼孩子们聚拢到自己身边。猫咪们也会直接向最爱的主人发出这种声音，可能是表示"你能在家我真高兴"或者"啊，原来你在这儿啊"。

咔咔（CACKLE）。猫咪们在看到一只鸟儿从窗前飞过并表现得异常激动时就会发出这种"咔咔"的声音。注意，猫咪在"咔咔"叫时他的下巴会轻轻颤抖，这应该是猫咪一种带有挫败感的声音。

呜呜（MOAN）。这是猫咪因为惊恐或是反抗所发出的一种拉长音的哀号，猫咪此时通常是极度悲伤或是疼痛。有些猫咪在吐毛球前或是在接受兽医检查的过程中，都会发出"呜呜"的哀号声。

哈哈（HISS）。这种声音简单且直白，就是告诉你"退后！"。猫咪在决定伸出利爪进行自卫之前，都会发出这种"哈哈"的声音作为前期警告。有些暴怒的猫咪也会发出这种声音。

嗷呜（YOWL）。生气、激动不安的猫咪感觉受到威胁，进而准备发起攻击时会发出这种高亢尖利的叫声。这种"嗷呜"声通常会在

肢体接触前发出或是与肢体接触同时发出。如果是在非冲突情况下，一只丧失了方向感的老猫或是失去同伴的猫咪也会发出这种"嗷呜"的声音，这通常是表示悲痛。另外，一只处于发情期的母猫会一直不断地发出这种"嗷呜"声，这就表明她该去做绝育手术了！

"呼噜呼噜"声的治愈力

问：我的斑纹猫格劳乔坐在我的膝盖上，发出心满意足的"呼噜呼噜"声。每当此时，我都会感到一天的工作压力全都不见了。我很确定，抚摸他柔软的皮毛，听着他温柔的"呼噜"声真的是对我的健康有益。但是请问，这种现象真的有什么科学依据吗？

答：绝对不要低估"呼噜呼噜"声的治愈能力——科学家们当然很认可这种神奇的声音。最新的研究证明，和一只发出心满意足的"呼噜呼噜"声的猫咪待在一起时，可以使人的血压从原来的高点降至正常范围内，并帮助人们减小压力，克服孤独的情绪甚至重拾自信心。大约有65%的美国家庭拥有宠物，但是我们却刚刚意识到，我们的宠物真的拥有这种治愈力，无论是从感情上、身体上还是精神上都能给我们帮助。科学家们还发现，猫咪以及其他为人类所宠爱的动物都具有这种特殊的治愈力，能够帮助人们与疾病抗争，尤其是在慢性疾病的治疗过程中。

在宠物医生马蒂·贝克的著作《宠物的治愈力》中，他描绘了宠物对于其主人的身体状况所产生的影响。他与众多的医学专家深度对话，这些医学专家提供了大量科学研究（这些科学研究支持"我们的直观感受如何"这一基本生物原则）的结果以支持这一论点，即能够积极地与自己的爱宠互动、分享美好生活的人往往更为健康。举例来说，抚摸、抚慰你的猫咪这一简单动作就能降低你的血压。

位于康涅狄格州舍曼的兽医研究所宠物替代疗法的主管艾伦·斯克罗恩医生，一直致力于研究动物是如何改变并提高我们人类的生活质量的。他解释说，猫咪的"呼噜"声能够刺激我们的听觉神经，使我们心情舒缓，缓解了外界的各种机械噪声，使我们的各种感官得以放松。

有些医学专家甚至向他们的一些长期独自生活、很需要陪伴的病人推荐了"宠物处方"。这是因为医生们发现，家中的宠物真的能够激励一些病人的斗志，在应对诸如癌症这样的重病时，能充分挖掘出自己的主观能动性来与疾病作斗争。拥有一只宠物，需要去照顾他、喂养他，也能够激励病患更好地照顾自己。

这里有三种轻松的治疗方法，可以帮助你充分利用猫咪伴侣的治愈力。

■ 每天都花上一些时间，注视、倾听猫咪，与猫咪说话。这有助于身体释放出能够帮助你放松的"感觉良好"的生化信息。

■ 以正确方式抚摸你的猫咪，学会给你的猫咪做有益健康的身体按摩，花上一些时间与猫咪单独相处，这样可以使你们两个都感到身心愉悦。

■ 有目的地与猫咪玩一些游戏，你可能会发现，你可以轻松地释放每天的工作压力，呼吸更顺畅、笑容更灿烂。

猫尾巴的功能——心情晴雨表

问：我的猫咪每天在巡视房间时，尾巴都会笔直地竖向空中。如果她在院子里看到我也出来时，尾巴也会竖起来。对于狗狗，我知道他们在心情放松时会将尾巴摆来摆去，以表示他们既开心又兴奋。但是对于猫咪，我就不清楚如何来解释他们尾巴的信号了。猫咪也会像狗狗一样利用自己的尾巴来进行交流吗？

答：猫咪的尾巴绝不只是作为平衡器来使用的。和狗狗们一样，猫咪也会用他们的尾巴来表达自己的心情，这有些像20世纪70年代流行过的心情戒指，还记得吗？心情戒指会随着人的心情或开心或生气而变换不同的颜色。一个关键的区别就是，猫咪的尾巴远比心情戒指更靠谱。仔细辨别猫咪尾巴所传达出来的信息有助于你更好地与猫咪交流。我们在此列出几种重要的猫咪尾巴形态及其具体含义。

尾巴高高地举起。一只自信满满、心满意足的猫咪在巡视自己的领地时，会将尾巴高高地竖向空中。尾巴竖得像根旗杆则显示出了一种快乐的心情并发出友好的问候，猫咪们通常是在迎接一个非常喜欢的人时才会发出这样的信息。而当猫咪靠近你时，如果他的尾巴上端的三分之一在不停地抖动，则表明他真的是非常喜欢你。

尾巴摆成一个问号的形状。这种形状的尾巴通常是在传达一种快乐的情绪，所以如果此时花上5~10分钟时间和他玩上一番，对他来说可真是非常美好的时光啊。

尾巴下垂。尾巴直直地指向下方，与后腿保持平行，这种姿态可能代表猫咪的心情极差，富有侵略性。即便如此，也会有些例外的情况，有些品种的猫，比如波斯猫、异国短毛猫以及苏格兰折耳猫等，无论何种心情，尾巴的位置通常都是低于背部的。

尾巴蜷缩了起来。尾巴卷了起来并缩在躯干下方，这个信号表示害怕或是屈服，可能有什么事令猫咪感到很紧张。

尾巴炸开了毛。这种形状反映出了猫咪被严重激怒或受到惊吓的情绪。猫咪这样做是为了让自己的体型显得更大一些，以此来恫吓那些危险的挑衅者。

尾巴快速抽打。猫咪尾巴这样迅速地前后挥动，表明他在害怕的同时又有发起进攻的准备，这是一种警告："躲我远点"。

尾巴有节奏地甩来甩去。这种动作通常意味着，猫咪此时的注意力集中在某个物体上，经常是在向一只玩具老鼠猛扑过去之前这样甩自己的尾巴。这是捕猎前的准备动作之一。

抖动尾巴尖。这种动作通常是表示好奇和兴奋。

猫与猫之间的交流。如果一只猫咪用尾巴缠住另一只猫咪，这个动作就等同于一个人随随便便、不加思索地用胳膊环抱住朋友一样。猫咪的这个动作传达出了他们之间的友谊。我的猫咪考利和"小家伙"就经常像这样尾巴缠绕在一起，肩并肩溜达着走过我的门廊。

万圣节里的"僵尸跳"

问：我的小猫咪偶尔会拱起他的背，全身的毛都炸开，蹬着似乎都僵直了的腿在屋子里跳来跳去。他的这一动作看起来是如此可笑。每当他又做出这种类似万圣节僵尸一般的经典动作时，我总会忍不住地笑。为什么他会这么做？

答：在面对"要么战斗、要么逃跑"的困境时，猫咪察觉到自己正处于一种非常可怕的处境，他需要迅速作出应对。此时猫咪体内的生化反应开始起作用，肾上腺素开始传遍全身，使得他毛发竖立，背部拱起，炸开了尾巴毛。结果呢？他看起来就像是万圣节的标准代言人。

猫咪摆出这样一个姿势是为了使自己看起来块头更大，对于靠近自己的危险分子更具威慑力。不知你注意到没有，你的猫咪还将自己的身

体斜对着攻击者，这样可以让自己的身形显得更高大一些。而从表面上看，猫咪看起来很好斗，发出低吼，准备着冲上去，但在他内心，更希望攻击者（可能是一只陌生的狗狗，一位不怎么熟的客人，或者是电视里发出的出人意料的声响）可以自行离开，躲开自己。

这就是猫咪身上一种虚张声势的姿态，既典型又有趣。在我们看来这些姿态可能显得很滑稽，但是对于猫咪而言，威胁可能是真实存在的，这种姿势只是一种本能的反应动作。如果这种姿势不起作用，猫咪就会面临两种选择：要么逃离现场，要么准备战斗。

玩"对视"

问：我的猫咪达芙妮，有一对又大又圆的漂亮的金色眼睛。她是一只孟加拉猫，三年前当她还是一只小猫咪时我收养了她。她现在已经成长为一只和我有着真挚感情的猫咪，她喜欢和我一起玩，喜欢追着我在房间里走来走去。有时因为好玩我会和她玩对视。我觉得猫咪在对视中应该会赢了我，但似乎每次都是她先中断对视过程，还冲我眨眼睛。她是想告诉我什么吗？

答：啊哈，你一定感觉很骄傲自己能够感受到猫咪眨眼的温柔。猫咪们只会对特定的人温柔地眨着他们的大眼睛，他们通过眨眼所传达的信息不仅有感情还有信任。达芙妮用自己率直的语言告诉你，她如此地喜欢你，希望你也用温柔的眨眼回复她，能够让她高兴、开心。她可能会对你的行为钦佩不已，并用其他方式来表达对你的友谊。

说到对视比赛，猫咪通常会将这种紧张的表情用在高度警惕的时候，或是憎恶某人、某种情况时，所以如果你和猫咪都希望拥有欢乐的情绪，那么最好避免直视猫咪的眼睛。

猫咪与猫咪之间的交流

问：据我所知，我的四只猫咪彼此间相处得非常好。他们之间没有血腥的打斗以及令人厌恶的嚎叫。他们都是成年猫，年龄在 3~10 岁之间不等，每只猫咪加入家庭的时间各不相同。我怎样才能知道他们彼此喜欢抑或只是在忍受对方而已？

答：尽管我们曾在之前的内容中介绍过猫咪各种不同的叫声，但其实猫咪们在彼此交流时更多的是依赖肢体语言以及气味标记。然而，还是会有些猫咪在感到自己需要自卫或是受到威胁时也会冲着同伴发出带有敌意的"哈哈"声。

猫咪们通常被认为是独居动物，他们只会在交配和抚养幼崽期间乐于与同伴们共处，但是猫咪之间也可以形成较为紧密的友谊。什么原因呢？这是一个动物行为学家们至今仍在研究的问题。我们所知道的是其实猫咪们彼此并非亲密无间，我在此处所说的"间"是指两只共处一室的猫咪之间的空间。

那些同在一个屋檐下，彼此还能容忍对方甚至彼此喜欢的猫咪们，他们之间所需要的空间要远远小于那些彼此

仇视的室友们。除去猫咪们的活动空间，食物等各种资源是否充足，在
保证家庭内部和谐上也是至关重要的。如果食物充足，就不太可能会发
生为食物而打斗的局面。猫砂盆的配置亦是如此，所以，解决方法就是
至少一只猫咪一个猫砂盆。

并非所有的猫咪都喜欢依偎在一起或是在一起玩耍，但这并不意味
着他们不愿意与其他同伴共享居室。所以，如果你家的猫咪们对彼此有
些冷漠或只是偶尔蹭蹭鼻子表示问候，其实也不必太担心。只是要对以
下这样一些情绪紧张、有压力的信号保持警惕，比如变扁的耳朵、放大
了的瞳孔、发出的哈哈声以及低垂下来的尾巴等。从你的描述来看，你
的四个小家伙无论是耳朵的形状还是尾巴的状态，更多的是表现出放松
的心态，他们都能感觉到安全、舒适、衣食无忧。所以，他们四个都感
到心满意足之时就不会出现竞争的局面。

猫咪乐园

幼狗培训班已经广为人知，但直到最近，我们也鲜有听说幼猫培
训班。据我所知，最早的一批幼猫培训班是于大约十年前在澳大利亚，
由兽医类行为学家科斯蒂·萨克塞尔创办的。

幼猫培训班的设立有两个宗旨：提高幼猫的社交能力，帮助猫主
人更好地了解猫咪。幼猫们在此要学会照顾自己、整理自身卫生以及
在面对新情况时充满自信。有些幼猫喜欢玩在一起，还有一些则更喜
欢跟着手里拿着食物的主人屁颠屁颠地四处闲逛。

参加培训班的幼猫的理想年龄是 12~16 周之间，这正是幼猫形
成社交能力的关键阶段。

幼猫培训班里并非没有吵闹和争端。有些猫类专家认为，这种社
交能力培训班其实最适合那些失去父母的孤儿猫或是在救助站出生的
幼猫，而不是那些经历普通、有父母和主人照顾并能教会他们猫咪基
本行为准则的幼猫。

黑衣配白猫

问：每次我一穿上我的那条黑色宽腿裤，我敢肯定，我的白猫托比就会走进来在我的腿边蹭来蹭去。没多久，我的裤子从膝盖以下都裹了一层白色的猫毛。我试图轻轻推开他，但他就是坚持不走。他为什么要这样？我怎样才能制止他呢？

答：如果一只猫不停地蹭着你的腿，或是用自己的脸颊蹭你的手臂，其实他是正在向你传递两个信号。第一个，这是一种向你献殷勤的方式。你很幸运，可以接受他向你表达的真挚情感。这种情况下，你可以找到透明胶带，把托比留在你的黑裤子上的猫毛都清理干净。

第二个信号就是"我的地盘我做主"。猫咪的嘴唇、下巴、前额以及尾巴上都有气味腺体。我们人类是闻不到这些由上述腺体产生的油腻腻的分泌物的气味，但其他猫咪（包括狗狗）却完全能够闻到。当托比在你腿边蹭来蹭去时，他正在警告其他对手要"退后"，还要尊重"他"的个人财产——就是你。

轻轻推开托比的这样一个动作，你其实在无意之中又巩固了托比的行为效果。如果你轰走他，不让他靠近你腿边，他还会触碰你的手臂，同时还在你的裤子上留下他自己的气味。他取得了双重胜利！

> 🐾 **猫咪小常识**
> "猫咪的睡衣"这一谚语是由 18 世纪晚期的一个英国裁缝创造出来的，当时他为英国上流社会的人们缝制丝绸睡衣。

事实很清楚：你对托比很好，他也很爱你。所以，做一点妥协也许合情合理。每天留出一点时间给托比，多向他表达一下你的感情，多和他说些甜言蜜语。定期为他清理身上的猫毛，这里有一个清理毛发的小

窍门：用微湿的手逆着猫毛生长的方向抚摸，这种清理方法比简单地梳理效果更佳。这样不仅可以为他清理掉脱落的猫毛（这是猫咪唯一的脱落物），还能刺激新猫毛的生长。一次全身沐浴或是偶尔用点免洗香波也能有助于更好地处理脱落的猫毛。

如果托比一直赖在你腿边不走，其实你也可以考虑让自己的衣服变得不那么吸引人。在裤子上浅浅地喷一层让猫咪很讨厌的喷雾剂或是香茅（在用之前先详读说明书，以确保这些物质不会对衣物的纤维造成破坏）。这样，当你换上干净衣服准备出门时，托比只要闻一下便会夺路而逃了。但是你也别指望托比能懂得——只要不是正装裤，在牛仔裤上蹭几下还是可以的（他只认你的正装裤）——你要么接受这些沾在裤子上的猫毛，要么就彻底拒绝这种表达感情的方式。

跳起来，扑下去

问：我的那只 5 个月大的小猫咪雷克斯经常会凑到我家的老狗格斯跟前，然后就开始在他身旁跳来跳去。格斯看着雷克斯奇怪的样子，就好像这小家伙刚从另一个星球来似的。他尽量不去理会雷克斯，但雷克斯一直没完没了地跳，有时他还拿爪子拍打格斯的鼻子，然后就迅速跑开。他到底是怎么回事？

答：雷克斯是在向老格斯发出邀请，请他和自己一起玩。小猫咪们通常都是拱起他们的背，尾巴全都炸开（尾巴尖是向下的），斜着身子跳起这种迪斯科，假装他们被危险情况惊着了。但是很显然，雷克斯和格斯没有什么危险，但雷克斯可能确实很无聊，他很希望格斯能够和他一起做游戏。

很明显，雷克斯需要有人和他玩更多的互动游戏，老格斯可不是合格的玩伴，所以我强烈建议你或是你的家人能够和他玩，比如，把一个小纸团朝门廊扔去，让雷克斯跑来跑去扑着玩，或者拉着一根绳子让他追着跑。他可能会比较喜欢一种追赶墙上的激光标记的游戏，但是要保证雷克斯做游戏的这片区域里没有摆放着哪位姨妈的古董大花瓶之类的易碎物品。另外，还要特别当心一些比较笨重的家具，因为全速奔跑状态下的猫咪可能会在快速移动或高高跳起时撞到家具而受伤。即使是动作最敏捷的小猫咪也会发生误判，狠狠地撞到立在那里的大家具上。"哎呀！疼死了！"

听上去雷克斯是一个非常开心的小猫咪，而且他很渴望能有个玩伴和他每天做游戏。

如何抚养失聪猫咪

问：最近我从当地的动物收容站那里收养了莉兹，她是一只5个月大的小猫咪，雪白的身子，蓝蓝的眼睛。在给她做第一次身体检查时，医生告诉我莉兹是一只失聪的猫咪。当然，我仍然会收养她，但是我如何才能和一只失聪的猫咪交流呢？

答：莉兹能够拥有你这样的保护人，真是一只非常幸运的小猫咪。失聪猫咪肯定会面临更多的困难与挑战，但是正因为如此，他们才显得更加的与众不同。

有些猫咪生来就失聪。从遗传学的角度来解释就非常简单：失聪情况是伴随着染色体显性白色基因（特别是还同时伴有蓝眼睛的情况）而出现的。当小猫的父母均为白色猫咪时，白色、蓝眼睛的小猫出现失聪现象的概率就会显著增加。当然你可能会问，那同样长着蓝色眼睛的暹罗猫呢？暹罗猫尽管也有蓝色的眼睛，但他们不是天生失聪，因为他们不带有显性白色基因。

像莉兹这样长着蓝眼睛的白色小猫咪，由于其耳朵内的耳蜗管发生病变，所以从遗传学上讲更容易出现失聪的现象。眼睛中出现色素沉着的情况也限制了听力的发育。当体内负责颜色的色素细胞过早停止生长了，听力就会因此受到影响。

还有另外一些猫咪失聪则可能源于严重的耳部感染、药物的毒副作用或者头部受到创伤，年龄过大也是一个原因。无论失聪的原因如何，失聪的猫咪总是最容易受到惊吓的，特别是当他们熟睡时，你从后面靠近他们或是推醒他们尤其如此。有些失聪猫咪是非常能叫的，因为他们听不见自己的声音，所以也无法控制自己的音量。

所以，不用我多说你也明白，出于安全原因，失聪猫咪应该被严格限制在室内生活。我建议你可以和兽医预约，给莉兹身上装一个微型芯片，把一个写有地址的小标签装在她的项圈上。一旦有人在户外发现她，项圈上的标签可以表明她是一只失聪猫。你还可以在她的项圈上挂一个小铃铛，这样无论她走到哪里你都可以知道她的行踪。

由于莉兹无法听到你说话，所以你在向她走过去时应该从她的正前方靠近，这样就不会使她受到惊吓，否则她会出于恐惧而狠狠地给你来上一爪子。直接向她走过去再准备与她互动，如果家里有客人，别忘记要求客人也要这样做。如果你想把她从睡梦中唤醒，可以在她不远处的地板上踩踩脚，这样她可以感觉到地板的震动。如果她睡在猫窝里或是家具一角，可以使劲摩擦离她不远的家具表面，但是千万不要直接触碰她。

你可以通过手语教会失聪猫咪"过来""坐下"等指令，甚至还可以表演一些小游戏。也可以利用手电筒或是激光笔和猫咪交流，用手电筒指引着猫咪走到你希望她到的位置；如果猫咪待在厨房操作台上或是用爪子挠躺椅时，还可以用手电筒分散她的注意力，或者用手电筒来惩罚猫咪的其他一些无礼行为。

总的来说，在必要的帮助下，失聪猫咪完全能够享受到美满、生机勃勃的生活。他们拥有出众的适应能力，所以会因为其他感官（比如视觉和嗅觉）更为出众而使失聪的缺陷得以弥补。

和猫咪说说话

问：每次当我说"吃饭"这个词时，我的猫咪托托就会赶紧跑过来。如果我说"去散步"，他马上就会向门口跑去，因为他的牵引绳和绳套就放在那儿。他很喜欢到户外走上一小会儿。猫咪能像狗狗那样听懂我们所说的单词吗？

答：猫咪和狗狗一样，相比于学习单词，他们更善于领会人们的声音变化以及肢体语言。他们经常会仔细判断我们说话时的音节变化以及举止动作，以此来确定我们究竟是在表扬他们还是在斥责他们的无礼举止。所以说，即使没有具体的单词，他们也能领会到我们的感情和意图。

这里有一个带点小恶作剧的游戏。不要有任何的肢体语言或动作，只是和托托做眼神上的交流并用一种严厉的语气说这句话："你真是一只可爱的猫咪，给你一点猫薄荷吧。"然后再看看猫咪，用一种兴高采烈的语气说下面这句话："你真是一只坏猫咪，我讨厌你总是抓我的家具。"我敢打赌，当你说话的语气是开心而非严厉、训斥的时候，猫咪会更愿意走近你。

这个测试表明，对猫咪来说，重点不是你说了什么话而是你用什么样的语气说了这句话。尽管我们人类使用的语言各不相同，但是聪明的猫咪却会仔细观察我们的表达方式以及行为习惯。有些猫咪还能迅速将自己名字的发音和主人想引起他们注意这两者联系起来。

我的猫咪考利在我每次说出"考利，想不想到外面玩一会儿"这句话时，就会马上跑到楼上阳台外的纱门边等着。当然了，因为我边说这句话边走向门口，与此同时做出伸手拉开门的动作。如果我做了相同的动作，而且说话时同样语调欢快，但说的话却是："嗨，考利，你想去冲浪吗？"考利仍然会开心地跟着我走到阳台门，呼吸一些新鲜空气——当然她是绝不会愿意一个跟头栽进海里的。

多姿多彩的个性特点

琼·米勒是国际爱猫者协会（CFA）全猫种比赛的评委，也是一位猫咪性格特点研究方面的专家。尽管目前并没有科学证据能够佐证，为何有橙色皮毛的猫咪相对于那些有着浓密紧实的黑色皮毛的猫咪，总是显得有点"疯疯癫癫"的，但是许多爱猫人士都同意这一判断。比如像卡里克大懒猫、龟背纹猫以及红色斑纹母猫，他们平时总会表现得更为焦躁不安，也更加生猛。

米勒的研究报告称，有一种"橙色基因理论"或多或少地与猫咪的个性特点有关系。她指出，经典童话《爱丽丝漫游仙境》中的那只柴郡猫就是一只红色斑纹猫，而他的疯癫也绝对令我们印象深刻。

橙色基因通常与性有关（X），而且橙色基因与其他颜色基因不同，并不是在同一个染色体上。所以如果该理论只是用在母猫身上还是说得通的，因为母猫有两个 X 基因，可以同时拥有黑色和橙色的皮毛。而公猫，由于其染色体为 XY，所以皮毛只能是黑色或橙色，而不可能同时拥有这两种颜色。这就意味着，比如卡里克大懒猫以及龟背纹猫通常都是母猫——而母猫无论如何也不会像公猫一样成熟、稳重。

别把手放在我的肚子上！

问： 亚力克西斯是我的一只1岁大的卡里克大懒猫，当我用手在她的下巴上搔弄或是抚摸她的脑袋时她并不介意，但是她绝对不喜欢我摩挲她的肚子。而我曾经养过的其他猫猫狗狗，却好像都很喜欢我摩挲他们的肚子。为什么她就不喜欢别人碰她的肚子呢？

答： 我并不清楚你养亚力克西斯有多长时间了，但是卡里克大懒猫一般都会表现得很敏感、很小心，特别是在他们小的时候尤其如此。一位兽医朋友曾经告诉我："卡里克大懒猫很像巧克力，外面甜甜的，里面却是硬芯（硬心）。"这句话虽然是开玩笑，但却很能说明问题。无论猫咪的本质如何，肚子却是一只猫咪身上最易受到攻击的部分，许多猫咪对于暴露自己的软肋是非常警惕的。

所有的猫咪对于被人们爱抚、抚摸总是有一个习惯过程的。信任感必须经历时间才能培养出来。所以从现在起，尊重猫咪的意愿，不要再去摩挲她的肚子，要给她一些时间去逐步适应你对她的抚摸，让她明白你不会强迫她接受不想要的关注。如果亚力克西斯摆出一个肚皮朝上的动作，并且在你旁边显得很放松，你可以表扬她，但还是不要去碰她的肚子，直到你能确定她确实是在邀请你这么做——摩挲她的肚子。

相反地，可以给亚力克西斯一些有目的的抚摸，比如可以在她的脊背上来回摩挲，用你的手指（不是指甲）给她梳理毛发。通过一系列的动作——比如抚摸她的脑袋，搔弄她的下巴，在你读书或看电视时欢迎她坐到你的膝盖上或是你的身边——来建立起她对你的信任。

之后，亚力克西斯可能就会逐渐接受你的爱抚，变成一个惹人怜爱的小可爱，届时她也会不请自来，请求你给她充满爱意的抚摸了，甚至是抚摸她的肚子。如果还不见成效，你必须要明白，有些猫咪的身上总

会有些地方是他们不喜欢被碰的——老虎屁股摸不得！

哀号和吼叫

问：我有两只都已做过绝育手术的暹罗猫，公猫叫凯，母猫叫琪琪。他们是一奶同胞的兄妹，到现在差不多已经6岁了。琪琪的表现一直都还很好，但是凯则不行。只要太阳一落山，他就在房间里踱来踱去，还扯着嗓子用尽力气地发出嚎叫。当他显得心烦意乱时，我试着关心他，尽量使他平静下来，但是无论我怎样做，他还是没完没了地嚎叫。我现在简直都无法入睡了，我怎样才能使他安静下来？

答：猫咪就是属于昼伏夜出的动物，这就意味着他们通常白天会呼呼大睡，而在晨昏时分则显得兴奋异常。当太阳落山后，凯精力旺盛，所以他会走来走去，还会发出叫声，也可能是他对自己无法参与到户外正在进行的猫咪大聚会而灰心丧气，进而想发泄不满。

既然他的嚎叫已经严重升级，那么第一步就是要确定，到底是什么原因导致凯要制造这种超级噪声。你可能会将其归咎于遗传因素，毕竟，人们都会先入为主地认定暹罗猫天生就是"大嗓门"。但日渐激烈的嚎叫可能也与凯渴望得到关注有关，或者也可能有身体健康方面的原因。我建议你请兽医为他做一个仔细的检查，这样可以判断出凯的身上是否有未被发现、进而导致他如此痛苦的伤病，有些猫咪在出现甲状腺功能亢进时就会变得非常爱叫。

而吼叫的原因也可能是情绪上的问题，比如极度兴奋或是恐惧。你要和兽医紧密配合，选出合适的治疗方法和药物，这样才能对凯的这些身体或是情绪上的问题对症下药。

如果你能确定凯的这种哀号只是要求得到关注，可以有意识地漠视他的高分贝叫声。当然，做起来可并不容易。起初当凯发现你对此并没有什么反应时，他很可能会叫得更大声，叫得也更频繁。但是，一旦他开始大叫之后，不要和他说一句话——也要克制勒令他"安静"的冲动。你要做的很简单，离开屋子关好门，这样他就看不见你了。

到了晚上，不要让他进你的房间，也不要对他有哪怕一丁点的反应（包括告诉他"安静"）。当你离开房间时，可以发出一种非常特别、像鸭子呱呱叫一样的声音，以此来向凯发出暗示，你不打算理他了。这就是著名的"桥接刺激"，这种手段通常用于警告那些主人打算不再关心的猫咪。应用这个手段的关键之处在于要有耐心，还要绝对避免斥责和惩罚。毕竟，任何关注，即便是斥责，在凯看来也仍然是关注。

第二步就是要对凯的进食时间和睡觉时间做出调整。如果可以的话，白天和他多玩一会儿，这样就可以减少他在白天打盹的时间，等到了晚上他就会感觉更疲倦一些。晚上——最好是睡觉前——可以让他多吃些。吃到肚歪的猫咪在晚上更容易感到困倦、想睡觉，而不会更兴奋好动。

某些情况下，一只喜欢嚎叫的猫咪如果能蜷缩在非常舒服的猫笼里睡觉，也会逐渐平静下来（当然，这个猫窝要足够大，不仅能将猫砂盆装进去，在它和猫咪就寝的地方之间还应该留有一部分空间）。这个手段并非对所有猫咪都适用，因为猫咪和狗狗不一样，并不是穴居动物，但是有些猫咪似乎很乐于有一个属于自己的温暖舒适的猫笼。要确保能够给猫咪一个被褥齐全的温暖的猫窝，还可以再放上一小把猫薄荷，而绝不是冷漠的放逐、置之不理。

咬了就跑

问：我的猫咪皮切丝是一只混血暹罗猫，她很喜欢依偎在我身边，但有时当我抚摸她时，她竟然咬我，偶尔还咬得挺深，几乎咬破皮了。她为什么会咬我？我该怎么训练她，能够让她不会在和我一起生活了12年之后还咬我？

答：皮切丝咬了放在她嘴边的手，而且还毫无歉意。对于啃咬行为背后的原因，人们很容易产生误解。皮切丝的啃咬并不是要表达一种爱意，而是一种对于人类向她表示友好行为受够了的明确表达。她的啃咬行为可被解释为："请你别再摸我了，否则我会咬得更狠的。"

有些猫咪之所以咬人是因为，他们是幼猫时就可以和他们的主人玩一种"掰手腕"的游戏而不会被制止，而猫咪的主人却将这种游戏视为猫咪的滑稽动作表演。当猫咪长大后，他们会理所当然地认为猛咬或猛拍伸过来的手是没问题的。但是成年猫却拥有更尖锐的牙齿和更锋利的爪子，这时人们就不会再认为这是可爱的滑稽动作了。

另外一些猫咪咬人是因为他们害怕或是感觉不太妙，但是因为这种感觉一直都伴随在她的左右，所以听起来像是因为宠爱而导致发生攻击事件。有些猫能够忍受被摸来摸去，而另外一些猫咪则感到被过度刺激了，会下意识地通过发出突然袭击来给予反应。皮切丝很可能就是在她确信自己在袭击前已经发动了明确无误的警告之后，你最后一下摸她的动作刺激了她，使她冲你发出了突然袭击。袭击前警告包括尾巴抽来抽去、耳朵轻轻摆动、瞳孔放大、变换位置、肌肉绷紧以及突然停止"呼噜呼噜"声。当皮切丝发出了上述这几种警告信号时，也就说明你需要马上停止抚摸她的行为了。她认为已经用她自己的方式与你沟通过了，即她不希望再像这样被摸来摸去。

所以，先暂时不要再去抚摸皮切丝了。你可以用一种温柔的声调去问候她，但是先停上几天，不再去抚摸她。这样反而会让她渴望通过肢体接触得到你的关注。当你再去抚摸她时，可以这样摸几下，然后停下来。你的动作最好能够与她的肢体语言协调一致，这样当你发现皮切丝觉得难以忍受了就能马上停手，你的手也就可以避免遭受飞来横"咬"。

猫咪痛打可怜的"落水狗"

问：我从未想到自己有朝一日也能看到这样的场景——一只猫咪可以欺负一只狗狗。但不幸的是，这个场景恰恰在我家出现了。我那只3岁大的斑纹猫罗居然能够戏弄、轰赶甚至猛揍我的狗狗。泰格是一只小型贵宾和小猎狍的混血公狗，他的体重和罗差不多。罗为什么要对泰格如此不依不饶？我如何才能制止罗的这种行为？因为我很担心罗会伤害泰格。

答：猫狗之间的真实情况是，狗狗并非总是那个横行霸道者。有些猫咪热衷于纠缠和自己同居一室的狗狗，这与体量大小无关，而是完全取决于各自的态度。我就曾目睹一只猫咪敢于同一只德国牧羊犬一较高下，最后竟然是大狗狗落荒而逃。像罗这样横行霸道的猫咪其实是想掌控全局，他们甚至可能会通过一些小把戏试图摆布自己的主人。比如说，自己想吃饭的时候就能要求主人把饭拿到面前，当他们觉得自己对主人的抚摸感到不胜其烦时，就会对着主人的手狠狠咬上一口。

横行霸道的猫咪不会接受惩罚或是改正错误，但是他们有一个弱点——他们希望得到关注。你可以利用这一点来帮助泰格。对这种喜欢发号施令的猫咪进行再教育很像在训练一只有支配欲的狗狗。最开始，可以先让罗更多地做游戏，以消耗掉他过于旺盛的精力，再将他的注意力转移到你这里，把你作为他的玩伴而不必再紧盯着可怜的泰格。和罗玩玩具或是逗猫棒（一根螺旋线，其中一端装有一束轻质的可以随意动来动去的东西，可以模仿蝴蝶飞来飞去）时要记得把自己的手保护好。

至于泰格，首先应该做的是制止攻击。当出现打斗苗头时，一定要及时发现前期的警告信号，以避免打斗局面的出现。在打斗开始之前，猫咪会习惯性地先低下头，拱起背部后端，再轻轻摆动几下。如果你看到上述这几个动作，就应赶快出手，努力将局面平息下来。你的大声斥责和尖声叫喊都只会点燃罗的怒火，进而对泰格发动攻击。相反，应该走到罗的跟前，用食物或是玩具分散罗的注意力，或是花上一点时间来安抚罗的情绪，用手挠挠他的下巴。猫咪不可能同时表现得既开心又狂躁。

如果你无法同时照看他们两个，那么最好将他们分开。尽量避免让他们在一天中精力最为旺盛的阶段（比如说就餐时间以及你刚回到家时）待在一起。当他们都筋疲力尽时再出场——比如，你在和罗做完游戏后，再带着泰格轻轻松松地去散步。如果你一定要带着他们俩一起出去，就要给泰格戴上牵引绳，还要让他学会时刻关注罗的警告信号。直到你看到两只宠物都表现得很平静了，才可以给泰格解开牵引绳。最后，还要确保罗的指甲经常修剪，这样就不会伤到泰格了。

猫咪之间的不和

问：我有两只同为两岁大的猫咪，但他们彼此之间没什么交集。我先收养的是艾比，巴斯特则是两个月之后来到这个家的。第一天在一起时他们还是朋友，但到了上周，艾比对巴斯特的态度突然变得充满了敌意。我现在只能让他们待在房间里的两处地方。如果房门偶尔打开，艾比就会想方设法向巴斯特发起攻击，而巴斯特则发出"哈哈"声作为回击，然后就快速跑开躲了起来。我对两只猫咪的爱是同样真挚的，我很希望他们能再做回朋友。请问，我怎么做才能恢复和平呢？

答： 猫咪是掩饰伤病和身体不适方面的高手，有可能是潜伏的、未被发现的健康方面的原因导致艾比突然变得脾气暴躁。所以我的第一条建议是，带着艾比到兽医那里为她进行身体检查。但是，猫咪们原来能够和平相处，现在却突然开始彼此发生冲突，其实这种情况并非不同寻常。请尽量准确说出艾比的行为是何时发生变化的，这或许是改变攻击情况的关键所在。

有时，一只居于室内的猫咪在窗边看到在室外玩耍的猫咪或是其他动物时会变得心烦意乱或是怒气冲冲。她会感到很是灰心丧气，还可能会感觉受到威胁，这时，居于室内的这只猫咪就会向距离她最近的目标——通常是同居一室中的另外一只猫咪——发泄自己愤怒的情绪。还有另外一种情况，一只猫咪刚从兽医诊所回到家，她身上的气味让同居一室的另一只猫咪感觉非常奇怪或是陌生，于是发出哈哈声作为回应或直接对这个突然显得很陌生的闯入者发起攻击。

如果是生活在家里，猫咪们愿意用一种"分时段"的方法来处理他们最喜欢待的一些位置。一只猫咪可能会要求沙发在上午时段是属于自己的，而另一只猫咪就会在下午将沙发据为己有。如果一些家庭中出现上述"分时段"的惯例被打破的情形，或者一只猫咪或所有猫咪决定捍卫自己的固定地盘，那么这些家庭就会变成战场的。

你现在所做的第一步是完全正确的，即为安全起见将艾比和巴斯特分开安置，这样也可以降低他们的紧张程度。家中的所有猫咪都有权平等享有家里各处原本就属于他们的舒适场所及设施，这些地方包括：可以观景的窗台，猫砂盆、食物、水、小点心、玩具以及猫窝。每天都可以给他们变换不同地点，但是不要带上饭碗和猫砂盆。这些手段能够让他们逐渐习惯并接受这样一个事实，即要与室友们共享家中所有的地方和器具。

你在问候猫咪们时，可以拿一块微湿的毛巾，先在艾比的背上擦一擦，然后再在巴斯特的背上同样做一遍，然后再将毛巾放回到艾比的背上，这样猫咪们就会分享他们彼此的气味。做这些工作旨在通过交换他们彼此的气味，希望他们更加接受、更欢迎对方。这是一个很常见的技巧，通常是用在初次见面、彼此打招呼的猫咪身上，而那些彼此开始发生不快的长居一室的猫咪们，通过这种方法重新熟悉对方，能变得更为友善些，或者至少能够忍受对方。

几天之后，你可以打开房门，让他们彼此重新见面，但是不要让他们彼此接触。然后再过几天，你可以在门口放上一个屏风或是玩具门，他们能够更为彻底地看到对方。如果一切都进展顺利，可以让猫咪们待在同一间房里，但是要将其中一只猫咪放在猫窝里，另外一只则可以自由踱步；然后，把他们的位置互换一下。

如果两只猫咪继续表现良好，你就可以逐步让他们一起待在房间里，如果出现任何反复，就将该过程后退一至两步以巩固成果。让艾比和巴斯特和好如初可能需要耗上一段时间，所以如果你是在努力为家中重新恢复和平的气氛，那么就请保持耐心。在一些极端情况下，你可能还需要求助于兽医，临时使用一些稳定情绪的药物，用来降低艾比的攻击性以及巴斯特的恐惧感。

我的结束赠言就是，在这种情况下，你一定要克制住马上去安抚巴斯特以及呵斥艾比的冲动，否则你只会在无意之中更强化了巴斯特的恐惧以及艾比的攻击性。

令人畏惧的门铃

问：我两岁大的猫咪舒格总是很容易受到惊吓。我家的门铃响时，她马上就会飞一般地逃开，然后我只能在床底下甚至是床罩下面找到她。如果我想把舒格介绍给来家里做客的朋友，她就会不顾一切地扭动身体，挣脱开我的手臂，有时为了逃跑甚至会抓伤我的手臂。为什么她如此地胆小，我怎么做才能让她平静下来？

答：我的猫咪考利在 4 岁之前，每当我家里有客人到访时，她都会"玩消失"。我的一些朋友甚至都不相信我的家里有考利这样一只猫的存在。和考利一样，舒格对于任何出现在自己生活环境中的新事物（特别是人类）都是以逃避的行为来做出回应。为什么有些猫咪会表现得如此胆怯，而他们的一奶同胞却又非常热情开朗，这一原因目前还不得而知，但是动物学家圈定了以下几个可能的原因。

基因遗传倾向。有些猫咪似乎生来就会对新的人、地方以及物件怀有极其强烈的恐惧感。即使是小时候有被人非常轻柔地触摸以及毫无恶意接触的经历，有些猫咪在面对陌生人时仍会表现得非常害羞，以及些许的冷淡。

模仿母猫的行为。小猫咪们是在 4~8 周大时通过对猫妈妈的模

仿，形成了自己的行为习惯。如果猫妈妈就对陌生人充满恐惧感，小猫
咪们也会从她那里学会恐惧。但这种最初形成的胆怯会随着猫咪不断长
大以及与陌生人之间不断出现的美好经历而消失。

缺乏与人类交流的能力。对于小猫咪来说，与人类初期交流的
阶段是在 2~7 周大时。在这段时间里，小猫咪要逐渐适应被不同的人以
各种令人愉快的方式触摸，这是非常重要的。与人类交流能力较差的小
猫咪可能就会被陌生人所惊吓，也可能会发出生气的"哈哈"声或"呜
呜"声，伸出爪子拍打或是直接跑掉。

有过受伤经历。如果猫咪曾经出现严重的受伤状况（比如遭受到
身体上的虐待、走失或是曾被一只大狗攻击），那么无论在任何年龄段，
猫咪都会出现"胆小鬼"综合征。

如果你能够利用不同的人、地点以及具体情况，让舒格拥有的经历
越正面、越积极，她就越能更好地适应未来在陌生人面前的露脸。如果
你希望能够借此呼唤起舒格的自信心，那么你就应该有耐心，你应该懂
得，你不可能在一夜之间就将一只总想着逃跑的猫咪变成一只无论见到
谁都会打招呼的猫咪。你只需关注猫咪所取得的每一点进步，虽然步伐
很小却很坚实。注意，你可能永远也不会把她变成一个"交际花"的。

既然你已经知道家里的访客可能就是导致她产生恐惧的原因，那么
可以找几个安静但很喜欢猫咪的朋友来家里，请他们进门后安静地坐
下，但不要东找西找，引起舒格的注意。为避免舒格再跑掉，提前把她
放在一间屋里，这样你就可以关上门，防止她跑掉后藏起来。这之后，
让你的这些朋友到这间屋里，和舒格一起看一部电影或是听一些柔和的
音乐。这样做的目的是要让舒格看到你的这些朋友，并能够意识到他们
并不会伤害她。

你可以让你的朋友们把小零食递给舒格，这样可以在舒格心目中建
立起较为积极的联系。起初，在朋友们的身边放上一点美味的猫食或是

一些猫咪小点心，这样舒格就可以走过去吃东西而不必和朋友们有什么互动。如果你希望帮助舒格建立信心，就应该花些时间努力让她不那么敏感。最终，舒格会明白这些人不是来追着她跑或是想抱她的，她也就能够逐步鼓起勇气，慢慢向他们靠近。无论是舒格向客人走得更近，抑或还是感到害怕而停止了这个过程，都要让舒格自己去做决定。

考利在 4 岁以前也是一只胆小如鼠的猫咪，但我知道她无法抵挡食物的诱惑。于是我让几个朋友把猫食放到最后一阶楼梯处，然后就离开，这样考利就会鼓足勇气走下楼梯，去吃给她的食物。现在她都可以直接从他们手里吃到食物了。舒格可能永远也不会开朗到成为一只能够睡在客人们膝盖上的猫咪，但是这些小窍门能够帮助她缓解恐惧情绪，使她在你家里生活得更自在。

让贝拉不再嚎叫

没人会喜欢一只总爱大声喧闹尤其是在半夜里大声嚎叫的猫咪。就算是用最好听的语言形容贝拉，也只能说她是一只话痨猫，但其实她会扯开嗓门大声尖叫，在凌晨 1~7 点之间尤其如此。她在公寓里走来走去，在每个房间里都大声嚎叫。贝拉的主人洛瑞找到我时，她表示自己简直受够了这只 3 岁大的卡里克大懒猫（已做过绝育手术），自己已经不再奢望别的什么了，只想在晚上能睡个安稳觉。

洛瑞和我探讨了可能导致猫咪发出这种超级噪声的多种原因，包括渴望被关注、疼痛或是饥饿、攻击性行为、极度兴奋、恐惧以及身体健康问题。为贝拉做的身体检查排除了慢性泌尿系统感染、甲状腺功能亢进以及其他一些潜伏或未曾发现的健康问题的可能。在仔细了解了贝拉的成长经历之后，我发现一些隐藏在背后的线索，正是这种嚎叫体现出了其行为上的原因。

贝拉还是一只幼猫时就被洛瑞从动物救助站领回了家，在这个家里，贝拉与其他猫咪也能友好相处。事实上，她经常和其他猫咪一起玩耍，互相清洁身体。而贝拉的大吵大闹刚好开始于洛瑞长时间的外出工作，在贝拉这个案例中，渴望得到关注以及极度兴奋最有可能解释她如此歇斯底里地嚎叫了。

这种持续不断地大叫通常是针对主人而非其他猫咪的。贝拉的嚎叫达到了她想要的目的——引起洛瑞的关注。每次洛瑞都以训斥贝拉作为回应，而贝拉却在无意中感觉得到了奖励，于是就更强化了这种行为，即叫得更大声了。

为了让贝拉停下来，我让洛瑞对贝拉的嚎叫置之不理。我告诫她，一旦贝拉这种猫咪特有的倔强见了效，她就会叫得越来越大声。洛瑞听从了我的建议，一直对贝拉的叫声置之不理，直到最后贝拉意识到，自己的这种做法没法给自己带来想要的关注。

但是为了满足贝拉本身的天性，我让洛瑞将她与贝拉的游戏时间都安排在晚间，直到她精疲力竭为止。洛瑞还听从了我的其他几项建议：猫咪喜欢的响片训练，可供猫咪攀爬的猫爬架，在其中塞进玩具可供猫咪追跑打闹，再在窗边放置一个喂鸟器，让贝拉能够在洛瑞工作时，总能津津有味地观察喂鸟器里的动向。

玩耍时间过后，洛瑞会在贝拉准备睡觉前喂给她一些高能量的猫罐头粮，这些可用来改变贝拉的醒睡周期。身心状况俱佳、入睡前进食的猫咪在主人的长时间睡眠过程中也更容易感到心满意足。

经历了所有这一切，洛瑞认清了实际情况，明白不能寄望于一夜成功，必须要坚持且持之以恒，才能达到自己最终的目标：每晚都能睡个安稳觉，还得到了一只更安静、更快乐的猫咪。

（本案例由注册动物行为学家爱丽丝·穆恩－法尼利提供）

各种紧张的表现信号

深感紧张的猫咪可能会表现出以下行为中的任何一项或几项。

- 过度地清洁、舔舐毛发，甚至导致皮毛出现小块的斑秃
- 躲藏起来
- 表现得更具攻击性
- 饭量较之平常更多或更少
- 突然无视猫砂盆，在房中便溺
- 不与主人交流互动或是久睡不醒，由此表现出过于萎靡不振

猫咪和小孩子

问：我们打算收养一只猫咪。我们的两个孩子（一个7岁，另一个10岁）和我们软磨硬泡了好长一段时间，希望能拥有一只宠物，他们还向我们承诺一定会好好照顾猫咪。孩子们有几个家有宠物的朋友，所以也很喜欢和这些朋友一起玩。请问，对于如何将一只猫咪安全地交给孩子们，你有什么建议吗？

答：将一只猫咪或是其他什么毛茸茸、可爱的宠物养大无疑能够使孩童时代的记忆更加美好。我的第一只宠物是猫咪考基，考基来我们家时我刚满8岁。考基很喜欢和我们家的两只狗狗一起在后院的湖里游泳。40年过去了，有关我的猫咪小朋友的美好记忆仍然历历在目。

为准备迎接家中的新成员，要先召开一个家庭会议，详细讨论养猫咪（小猫）的利与弊。小猫咪既有可爱的一面，又有破坏性的一面。在小猫咪一岁之前，通常对所处的环境充满好奇，而探险的方式就是恣意、鲁莽的行为。他们长得很快，你的可爱、友善的小猫咪很快就会长大变成一只貌似冷漠的大猫咪。如果你收养的是一只收容站里的成猫，

你就应更好地了解其个性特点，是热情洋溢型还是冷漠超然型。要找一只能够忍受这样家庭气氛的猫咪：家中既有电视又有立体声音响，整天忙乱不已，孩子们在走廊跑来跑去，大人们进进出出。所以，对于那些动辄就会害羞藏起来，或是总被家中喧闹的气氛惊吓到的猫咪还是应该敬而远之。

一些纯种猫咪很享受被孩子们爱戴的感觉，一个极好的例子就是阿比西尼亚猫。阿比西尼亚猫就能够在一个喧闹、忙乱的家庭中和孩子们一起茁壮成长，还会和孩子们来个熊抱！

在你把宠物带回家之前，先要制订出一份详细的照看猫咪日程表，然后将表格贴在冰箱门或是提示板上。分配给每一位家庭成员的照顾猫咪的任务都要经过所有成员的检查和确认：何时清理猫砂盆，何时为猫咪提供水及食物，何时为猫咪梳理、清洁毛发。

要教会孩子们用最佳方法与猫咪互动。比如，猫咪不喜欢人们冲他跑过来给他来个熊抱，他们被压得都要窒息了。一只初来乍到的猫咪起初会对新环境心存疑虑，孩子们就应该用安静、温柔的举止帮助猫咪适应新环境。告诉孩子们坐好别动，让猫咪自己走过来。如果猫咪这样做了，孩子们再伸出自己的手让猫咪闻一闻或者用脑袋蹭一蹭。

要警告孩子们，猫咪在睡觉或是在猫砂盆里排便时一定不要打扰他，否则他会受到惊吓或是感觉自己被抓了起来而通过狠咬或抓挠孩子来予以回击。向孩子们展示抱起猫咪的正确方法：一只手（胳膊）托在猫咪前腿下面，再用另一只手（胳膊）支撑住猫咪的后腿。告诉孩子们，抱起猫咪时，如果猫咪扭动身体想要挣脱，一定不要强行按住他，要尊重猫咪。

绝大多数猫咪都不会忍受主人对他们的梳妆打扮，或是把他们放进婴儿车，但凡事总有例外。如果你家的新猫咪不喜欢这种方式的关心，孩子们就应该明白，还有其他方式和猫咪做游戏。要向他们解释，决不要和猫咪有激烈的打斗，更不要鼓励猫咪猛打或猛咬孩子们的手指，相反地，让孩子们用逗猫棒之类的猫咪玩具或摇晃手中的玩具老鼠让猫咪追跑扑打。

最后，向孩子们展示抚摸猫咪的正确做法，以及如何正确地为猫咪梳理毛发。猫咪们通常更喜欢人们从头至尾地把他的毛发捋顺，而不是在他的脑袋上不停地拍。可以将手微微弄湿，逆着猫毛生长的方向，轻轻地抚摸一遍，这样可以清理掉脱落的猫毛，既可以抚摸猫咪又可以为他清洁毛发，这是一个一举两得的好方法。孩子们的上述行为也有助于加强他们与家里新朋友的友谊。

如何对付一只活泼好动的大狗狗

问：我的两只猫咪凯特和艾莉，虽然同为3岁，而性格却有极大地差异。凯特热情开朗、友善温和，而艾莉却胆小羞怯、神经兮兮，只对家庭成员亲热而对家里来的客人却十分冷漠。最近，我收养了一只拉布拉多幼犬，名叫马利。马利大约5个月大，对猫咪总是表现得兴趣十足。他无时无刻不在观察着猫咪，总想追着她们跑。每当此时，凯特就会站在原地，伸出爪子用力拍打马利的鼻子，马利马上就会知难而退，而艾莉在马利靠近时就会迅速跑开躲起来。我怎样才能让艾莉发起自卫、还击马利？

答： 猫咪和人类一样，有着多种多样的性格特点。很明显，凯特和艾莉在面对调皮的狗狗时有着各自不同的态度。凯特展现出了自信，教训马利学会"尊——重——"。凯特同时也在用有些粗线条的爱教会马利一些礼节。只是千万别忘记定期修剪凯特的指甲，我想你也不想她伸出爪子一通拍打之后会伤到马利吧。

但不幸的是，上述理论却完全被艾莉的行为表现所颠覆了，结果就是，你的狗狗迷惑不解。艾莉缺乏凯特所具有的安全意识，将这个庞然大狗视为巨大的威胁。艾莉非但没有伸出爪子拍打马利，反而因为害怕而选择了逃跑，"玩消失"。进行抵抗并坚持自己的立场，这并不是艾莉的性格特点。

让猫咪和狗狗相互认识的最佳时机是在他们小时候。在他们刚出生之后的 1~3 个月则是培养他们社交能力的最佳时期，也是猫咪和狗狗之间培养友谊的重要时间点。不过就算是现在，教会马利如何正确和猫咪打招呼或是鼓励艾莉的自信心，都不算太晚。

我们先从马利开始。拉布拉多犬的天性就是喜欢玩乐并且还很喜欢讨人欢心，所以你可以充分利用他的这两个特点。你要教会马利服从两个常用口令，即"坐下"和"待着别动"，这样即便是艾莉此时进屋，马利也能待在原地不动了。为了能让马利尽快掌握这两个口令，如果你想在附近监督情况的进展，当他在房间里走动时，你可以在他的项圈上套一根较长的牵引绳或是一根晾衣绳，再把绳的另一端拴在较重的家具上。这样在马利想要扑将出去时，绷住的牵引绳也可以控制住他的肌肉。如果你不在家，也可以让马利待在他的笼子里或是一处无法接触到猫咪的地方。

把一包零食放在手边，当马利注意艾莉时，可以拿出一小片零食将他的注意力转移过来。用平静的口吻向他发出指令，"坐下"或"待着

"别动"，但别冲着他大喊大叫，这样做只会让马利更兴奋而让艾莉更恐惧。如果马利无视你的指令和零食诱惑，仍旧冲着艾莉追去，你可以踩住他的牵引绳制止他。反之，如果马利能够坚持住不再追着艾莉跑，那么你可以让他围着房间走动走动，但你一定要在后面拽好牵引绳。而如果他又开始追艾莉，你就赶快踩住绳子。

而至于艾莉，先要确保她能顺利逃开马利，并可以跑到狗狗追不到的地方。比如，床底下应清理干净，保证能让她出入无阻，还要准备一个比较高比较宽大结实的猫爬架，这样她就可以爬到高处狗狗够不到的地方。如果可以，在猫咪进食、喝水或是排便的房间门口都放上栅栏隔离门。

如果艾莉感觉受到了威胁，就让她跑到自己认为安全的地方。但千万不要追在她的后面，试图用温柔的动作或是甜言蜜语去安抚她。上述行为只会带来事与愿违的结果，向艾莉传达出"她应该害怕这只大狗狗"这样一种错误的信号。所以，你的动作应该冷静，说话的语调应保持积极、乐观。

绝不要强迫猫咪和狗狗待在一起。猫咪只有在自己"四脚着地"（四只爪子全部接触地面）时才会感觉是最安全的。对他们之间的联系和互动进行控制，然后再慢慢地循序渐进。要保持对马利的有效控制，这样才能让艾莉能够自由地进出房间。

有些猫咪和狗狗能够建立起非常亲密的关系，而其他则要勉强忍受彼此。只要艾莉感觉自己是安全的——马利也能服从你的指令——艾莉的生活中就能少些恐惧。

骚扰家里的客人

问：我的猫咪西蒙非常地热情外向，他总是在家里趾高气扬地走来

走去，就好像他是这里的统治者一样。尽管他已经做过绝育手术，而且平时也表现良好（至少和我在一起时是这样的），但他在面对家里的客人时则表现得完全不同。这种表现的差异程度还要视客人的情况而定，比如，是谁来家里做客，客人们在家里待多久，客人们在多大程度上破坏了他自己的生活规律。有时他会表现得十分友善，有时却表现得像十足的坏孩子。有一次我叔叔来家里住了些日子，他竟然在叔叔打开的衣箱里撒尿。而我的另一只猫咪加丰凯尔对待家里所有的客人则一视同仁——只要一来人，就会迅速跑开躲到众人看不到的地方。请问，我如何才能缓解加丰凯尔的恐惧心理，同时又能让西蒙以更得体的行为面对客人们呢？

答：拥有这样两个名字的猫咪却无法与客人们和谐相处，这还真是挺让人难堪的。我想，其中一个问题可能是猫咪渴望有规律的生活，他们已经逐渐习惯了安静地、自己可以为所欲为的生活。他们通常并不喜欢家里突然出现陌生气味的人，因为这个人可能会强占家中空余的卧室，而他们已经习惯了在这间卧室里度过慵懒的午睡时间。太短的时间里发生了太多的改变，但事先却没有充分的准备，因此就引发了猫咪情绪上的强烈反弹和不满。

即使是像西蒙这样社交能力较强的猫咪，也会因客人的到来而恼怒或是情绪过于紧张。每只猫咪面对上述情况的表现如何很大程度上取决于其年龄、身体状况、脾气、性格特点、生活方式以及以前在面对陌生人时的经历上的各种差异。有些猫咪会表现得非常心烦意乱，以至于会通过在客人的物品上撒尿来标识自己的地盘。

在这里你可以做些工作能够让客人在家里待得更顺利些，即提醒客人们能够记住这些毛茸茸的猫咪小朋友，向他们讲述一些猫咪的特殊习惯。比如，我家有一只19岁的老猫，已经表现得有些老态龙钟了，眼睛也部分失明了，所以他有时就会不停地喵呜，甚至偶尔还会撞到墙。我的猫咪们有时还喜欢和客人们睡在一起，所以我会提醒客人们，如果他们晚上不希望卧室里有同伴的话就在睡前把卧室门关好。下面，我还要提到几条与猫咪有关的家庭规定。

- 决不允许他们偷偷溜到餐桌边拿走食物碎渣或是其他客人的食物。
- 要特别留意外面的门——我的猫咪只能待在屋里。
- 不要试图冲过去追上他们——要让他们主动靠近你。

说到西蒙和加丰凯尔，如果可能的话，最好在你的客人来之前，提前几天作出安排。慢慢地将猫咪的窝从原来那间空余的卧室中搬到一处新的安全场所，可以是你卧室里的盥洗室或是一间较小的浴室，不要让客人们进到这处新场所。

> 🐾 **猫咪小常识**
>
> 历史上有很多著名人物都是出了名的爱猫人士，比如列奥纳多·达·芬奇、查尔斯·狄更斯、欧内斯特·海明威、亚伯拉罕·林肯、温斯顿·丘吉尔爵士、艾萨克·牛顿爵士以及佛罗伦斯·南丁格尔女士。

客人们到了之后，还要尽量争取维持家里既有的生活作息规律，这就意味着要按时清理猫砂盆，在和往常一样的时间和地点喂猫咪，每天仍然要花上哪怕几分钟的时间和猫咪们玩耍或是用亲密的动作安抚他们。你可能还要考虑打开收音机或是唱片机，播放一些较为柔和的音乐，将一些对于猫咪来说声响较大的或是比较陌生的声音（比如说叔叔沉重的鼾声或是妹妹高分贝的咯咯笑声）掩盖住。不要强迫猫咪们去和你的客人打招呼。

如果猫咪表现出很紧张的样子，你可以用一种名为费洛蒙的喷雾器来缓解他们的紧张情绪。这种喷雾是模仿猫咪面部腺体分泌出来的一种

可以愉悦心情的物质，插电即有喷雾喷出。这种喷雾器在各种宠物商品零售店都有出售，打开开关，喷雾的气味就可以在屋子里弥散开来。

如果你的猫咪仍然表现得不正常或是有其他的破坏性行为，说明他正在告诉你，自己目前极为紧张，需要划定自己的地盘，不要因此而惩罚他，否则会令他更加紧张。

破坏约会

问：我的猫咪贝利大约有 6 岁了，当他还是一只小猫仔时就和我生活在一起。他拥有你能想到的各种各样的玩具，我非常地宠爱他，他也很爱我。但是他似乎很讨厌我的男朋友尼克。只要尼克一来我家，贝利就会冲他呜呜叫、嚎叫，如果尼克试图接近他，贝利会发出充满敌意的"哈哈"声，用爪子拍打他甚至直接把他赶出门去。这真是我们相处过程中的一个棘手问题。我绝对不会放弃贝利，但我确实又很喜欢尼克。为什么我的猫咪不喜欢尼克？我怎么做才能让贝利至少能够容忍尼克呢？

答：欢迎来到约会的美好新世界，在这里，你的猫咪确实对你的恋爱生活拥有很大的发言权。我还记得在我上大学时，有一位名叫佛罗伦斯的非常睿智的长辈教给我很多关于约会的知识。我租住在她位于印第安纳克朗波因特的家的楼上，我和我当时的一只猫咪考基住在那里，考基当时 12 岁了。考基可以自由出入佛罗伦斯的房子，佛罗伦斯则会通过我的几任男朋友对待考基的态度以及考基对于他们的反应，来对这些男孩子做出自己的判断。她常常告诉我，"如果一个男人不会爱一只动物，他也就不会爱你。"她说得一点也没错。

在你所描述的情况里，贝利看到这个新来的家伙抢占了你原本应该给他的时间和关注，他由此感觉受到了威胁。所以他只会用他自己的方式来作出回应——发出哈哈的抗议声、拍打、瞪着他甚至直接将他赶出去。你并没有提到，你的男友是如何面对贝利的这种不良心态的。如果他不喜欢猫咪，贝利当然会察觉出这种情况和对方的反应。

但是如果这个家伙渴望能够与你们建立起更亲密的关系，那么最佳策略就是让他在贝利的眼中变得更受欢迎。第一步可以先这样做：让尼克在面对贝利时表现得友好但若无其事。换句话说，尼克不要总是寄希望于向贝利主动表达自己对他的喜爱而借此赢得他的好感。要教会尼克绝不要直视贝利的眼睛或是直接向贝利靠近，因为猫咪会将这些举动视为威胁的信号。

第二步是让尼克用一些美味、香气十足的食物"贿赂"贝利。记住，让你的男友拿着贝利最爱吃的食物给贝利，这样贝利就会将尼克与某些积极的事物联系起来。

第三步，让尼克拿一些玩具给贝利或是直接和贝利玩一项他最喜欢的游戏，而你此时则在旁边观察。这两个家伙需要培养出属于他们自己的关系，这当然需要花些时间，但是得到的回报会是他们之间亲密关系的开始。

我的猫咪真的已经如此衰老了吗？

问：我的猫咪萨米已经 17 岁了，他最近总是在深更半夜绕着屋子走来走去，还会发出哀伤的嚎叫。有时他甚至会白天在屋子里逡巡，或是迷茫地站在原地。他以前经常会用叫声来热情欢迎他喜欢的客人，但是现在当客人们走近他时，他好像都认不出他们了。过去他还喜欢跳到我的膝盖上，但是现在我必须弯下腰，把他抱起来。阿尔茨海默病（老年

痴呆症）对于人类来说是那么的残酷，但是猫咪也会出现这样的疾病吗？

> 🐾 **猫咪小常识**
>
> 猫咪的心跳速度大约是我们人类的两倍，每分钟的心跳为 155 次。

答： 在人类看来，我们的猫咪看上去都要比他们的实际年龄要小。但令人感到悲哀的是，他们也无法逃避认知功能障碍这一疾病的折磨。有些年迈的猫咪真的是会变得老态龙钟。

我曾经有过一只高龄猫（当时这只猫 19 岁，也出现了很多你所描述的行为），我定期带他到兽医那里做体检，所以我建议你也给萨米做一次体检，以便能够排查出各种可能的未被发现的身体健康上的问题。甲状腺功能亢进、肝病、肾衰竭、尿路感染等都可能是导致猫咪大喊大叫或是意识混乱的病因。有些失聪的猫咪也会因此而经常大声嚎叫。

有些猫咪在大约 12 岁时就会表现出认知功能障碍的迹象。很多动物行为学家都会用几个单词的首字母——DISH 来描述与猫咪衰老有关的一些常见征兆和信号。

"D" 即指方向感缺失。丧失了方向感的猫咪经常会毫无目的地走来走去，甚至会撞上墙，被卡在角落里，似乎在自己家里都会迷路，或者还会因为失去平衡而摔倒。

"I" 即指交流能力的丧失。心智功能受损的猫咪会在与人们交流的过程中发生变化。当有熟识的客人来到家中或是希望能与猫咪亲近时，猫咪却没有像以往那样去问候客人，萨米就是这种情况。

"S" 即指睡眠情况。曾经可以整晚睡觉的猫咪现在可能会在半夜里不停地在屋里踱来踱去，边游荡边大声喊叫。

"H" 即指居家守则。原本很得体的如厕习惯现在被忘得一干二净，不是因为身体出现问题或是对猫砂盆的状况表示不满，只是因为猫咪忘记用猫砂盆了。

为了能使猫咪半夜的嚎叫得以缓解，要设法经常打断他白天的睡眠，但一定要非常温柔地唤醒猫咪。或者可以在萨米睡觉前给他几片火鸡肉或是一点不含乳糖的牛奶，上述食物中都含有色氨酸，这是一种氨基酸，可以起到镇静剂的功效（这也可以解释，为什么在一顿丰盛的感恩节大餐之后，你总会感到昏昏欲睡）。这样做的目的是要让萨米在晚上感觉更为困倦。有些高龄猫咪如果你把他们抱到一张已经加热过的保温垫或是加热垫上时，他们整晚都会安静地沉睡；但要当心，加热的温度一定不要太高，而且加热垫上还要有一层可擦洗的覆盖物。如果上述工作都不见效，你可以请兽医为萨米开一些可以引起睡意的抗组胺剂。

原来适用于萨米的家庭饮食及起居习惯一定要坚持。可以在不同房间的不同地点多增加几个猫砂盆，这样也可以帮助萨米尽可能减少"错过"猫砂盆的机会。猫砂盆上不要有盖子，否则上了岁数的猫咪即使看到了猫砂盆也进不去。猫砂盆的边沿要更低一些，因为高龄猫咪的后腿有时会变得非常僵硬，动弹不得。

最重要的是，要给予萨米更多的爱。多花些时间抱抱他、和他说说话，语调要能令他感到安心。尽量享受和你的"不老奇迹"之间所剩不多的美好时光吧。

知道何时应该道别

问：我们的猫咪无法活得和我们一样久，我一直对此耿耿于怀。我的猫咪奥兹已经被诊断出了肝病。当我13年前第一次把他带回家时，他还是一只精力充沛活泼可爱的"小毛球"。这么多年过去了，他已经长成为一只心地善良、惹人喜爱的猫咪了。我现在正在和兽医讨论一个治疗计划，但我知道这种病的恶化速度很快。我非常担心奥兹，我不想看到他受到病痛的折磨，我如何才能判断出为他实施安乐死的正确时间呢?

答: 要做出决定何时向一只忠诚可靠的猫咪道别无疑是人生中一个最为艰难的选择了。当一只猫咪或是其他的家养宠物患上绝症或是受了极为严重的伤，又或者治疗费用实在已经超出了你的经济承受能力，为宠物实施安乐死或许是最好的选择了。

你能够为奥兹的治疗计划而和兽医紧密合作，我要为此向你表示赞赏。在你下一次与兽医的会面过程中，应该讨论一些有关安乐死实施过程的细节。你可能会吃惊地发现，猫咪在被实施安乐死的过程中是非常平静且毫无痛苦的。

如果有兽医愿意出诊，就赶紧查一下。你还需要做出决定，希望猫咪的遗体土葬还是火葬。不管你是宁愿在这个过程结束后自己一个人待着，还是你认为自己需要有一个特殊的朋友陪在身边，都要好好想想自己的需求和决定。

而说到最佳的时间，这当然是视每只猫咪的情况而定的。你非常清楚奥兹的生活质量，你也能够通过仔细观察奥兹来判断何时是实施安乐死的最佳时间。比如，可能他会停止进食，无法自己使用猫砂盆，也不再为自己梳理毛发，或是开始整天昏睡不醒。另外，还要仔细观察奥兹是否已经出现连用药都无法缓解的疼痛或不适症状。

请将最后这句话谨记在心:安乐死的定义是"轻松、无痛苦的死亡"。能够以这样一种方式来结束病痛给宠物所带来的肉体上的折磨，这也是我们能够献给他们的最后的礼物。

The Cat
Behavior Answer Book

第三部分

小猫咪的怪癖以及稀奇古怪的

猫咪们

我小时候最喜欢看的电视节目就是由阿特·林克莱特主持的《人小鬼大语惊人》。阿特总能让节目里的小嘉宾们心情放松，因此他们在回答阿特的问题时也总能语出惊人，让观众捧腹不已。那时候，我曾希望也能有这样一个能够让猫咪和狗狗们尽情发挥、展现自我的节目。

儿时发生在我家的很多滑稽可笑、古怪有趣的事情都是我们家那两只狗狗和一只非常好玩的猫咪的杰作。如果克莱克斯和派皮的嚎叫二重唱还不足以赢得邻居的喝彩的话，那我家的猫咪考基在后院的湖里游泳的习惯肯定能够令大家大吃一惊。另外，那个地方不只住着我们家。一个邻居有一只超重的波士顿小㹴犬，这只小狗可以用带鼻息的轻哼代替一般狗狗的吠叫。还有一只有独门绝技的猫咪，他能够每天早晨都出现在不同的车库里。

看看这些猫咪的惊人事迹，他们能做出各种让人惊掉下巴的事情，但他们却从来不给出解释。猫咪们可能会让人有些困惑，让人感觉有些神秘，但是他们绝对不会让人感到无聊。在这部分内容中，我会帮助你能够更好地像一只猫那样的去思考，这样你才能更好地理解并学会欣赏——猫

咪为什么需要按摩，水龙头为何对他有那么大的吸引力以及对猫薄荷的兴趣，如此种种。

疯狂追着尾巴玩的猫咪

问： 我的猫咪花生是一只 8 岁大的本土长毛猫，她似乎总是在和自己的尾巴过不去。她会冲着自己的尾巴咆哮，有时还会咬它，她还会一直狂抓某处的皮毛，甚至都已经出现斑秃了。如果我试图阻止她，想把她抱起来，她就会变得焦虑不安，不停地扭动身体，从我的手中挣脱出去，然后迅速跑到另一间房。请问，我该怎么做才能让花生不再骚扰自己的尾巴，也不再去"虐待"自己的毛发？

答： 不停地追咬自己的尾巴可能是因为尾巴处出现疼痛或其他一些不适；还有一种原因则更为少见，那就是，有可能是猫咪的行为出现了问题（是的，这里还有一种超自然的解释）。不论是何种原因，这都是一个需要专业人士来帮助解决的问题。可以先和兽医预约为花生做一次身体检查，至少在将其认定为一种行为问题之前，能够先行排除下述这些可能的或是潜在的伤病——尾巴上是否有伤，肛门腺周围是否出现感染，脊椎是否出现什么问题或者是神经系统出现什么问题。

从你的描述来看，花生很可能患上了猫类感觉过敏。根据注册动物行为学家爱丽丝·穆恩－法尼利的观点，这种较为复杂的情况，其中还包含了一些强迫性和神经性的行为。通常，一只有着上述行为的猫咪会瞳孔放大，皮肤褶皱过多，发疯般地抓拔自己的毛发以至于毛发脱落。猫咪经常会以自己的尾巴以及周围的皮毛为目标施以这种超过极限的梳理（抓或拔）。有些猫咪会变得非常爱叫并且很有攻击性，还会出现一种幻觉，对自己的尾巴产生了深深的恐惧，显得极度兴奋和狂躁，飞快地逃出屋去。当猫咪出现上述症状时，对于外界的触摸是极其敏感的，所以他们有可能对于想要制止他们这些行为的主人施以狠手。

由于一些不明原因，猫类感觉过敏通常多发于清晨或傍晚时分。猫咪会不由自主地出现攻击性行为，而且也没有什么看似明显的诱因。紧接着，可怜的猫咪就会显得很迷茫、困惑不解。

最初，一些猫咪主人将猫咪的上述行为视为可爱或是想引起关注，而当问题出现得越来越频繁、持续时间越来越长时，才开始真正被人们当做一种病因所重视。所以，请你一定和兽医或动物行为学家好好配合，以便能确定引发花生追咬自己尾巴的真正原因。

耳垂迷恋者

问：我有一只 2 岁大的猫咪叫斯莫奇，我刚得到他时他才 7 周大。他非常热情外向，有时会坚持着爬到我的身上，然后开始舔我的耳垂。他甚至还会用爪子搂住我的脖子，这样可以抓得更牢，然后就用他那粗糙的舌头舔我的耳垂——真的很疼！我喜欢抱他，但我不得不把他推开。为什么他要这样做？我怎样才能制止他？

答：对于幼猫来说，7 周大就与猫妈妈分开，实在是太早了。所以，斯莫奇之所以会有这样的行为，有可能是因为他断奶的时间太早了。无论是什么原因，斯莫奇都是在为你做清洁。请记住，清洁行为在猫科动物尤其是朋友之间是一种相互的、彼此进行的行为。当然，如果是在猫咪之间、猫咪与狗狗之间进行当然毫无问题，在你的情况中，则是猫咪与他最喜欢的人之间。斯莫奇崇拜你到了一定程度才会出现这种总让你觉得很讨厌的动作。这种对耳垂的迷恋可能也给斯莫奇提供了一个可以使自己平静下来的情绪宣泄的出口。

你并未提到，斯莫奇这种舔耳垂的行为未受责备已经持续了多长时间。猫咪的很多不良习惯都是在幼儿时期形成的。其实，这些不良习惯都源于他们的主人对其只有宠爱而没有及时制止或纠正，给他们大开绿灯、不加制止，因而这些不良习惯才会在无意之间得以巩固。在斯莫奇看来，他小时候这么做，你很喜欢，那么当他长成一只体格健壮的成年猫后，你为什么又突然不喜欢这种猫咪之间的清洁动作了呢？

为了制止他这种迷恋耳垂的古怪行为，他只要一爬到你身上并用爪子环住你的脖子，准备舔你的耳垂时，你马上站起身，走出房间。绝对不要冲他大声喊叫或是直接把他甩到一边，只需把他放在地板上然后走开就好。走开的同时，不要再对他有任何的关注，其实你对他的关注才是斯莫奇真正想从你这里得到的东西。

之后我们再来进行第二步。在其他房间等上几分钟然后再回来，可以和他玩一会儿你们俩都很喜欢的游戏，比如说拿着逗猫棒让他追着玩，教他一个小游戏或是扔纸团让斯莫奇再追回来等。重要的是，这次不要再走开，可以让斯莫奇用另外一种更得体的方式来和你做互动。毕竟，你并不想让你们俩之间原有的亲密关系因此而变得疏远。如果斯莫奇仍坚持要舔耳垂，此时你就要使出最后一招杀手锏了，弄出一些他很讨厌的噪音，比如拍手，而且要拍得非常响，或者发出一种"哈哈"的声音。这些声音都可以中断斯莫奇的动作，不过并不会惊吓或伤害到他。

舔食羊毛控

问： 我的暹罗猫塞克有很多地方都很像狗狗。他会把玩具叼来叼去，他也用牵引绳外出散步，听到你的呼唤他也会颠颠地跑过来。虽然他是这么可爱，但他有一个不好的习惯是我非常想纠正的——他只要见到羊毛制品的东西就会扑上去又咬又舔。我发现我的羊毛袜子都已经被他的口水浸湿了，简直太恶心了。为什么他会对羊毛的东西如此痴迷呢？

答：听起来塞克很像我的猫咪考基，考基也是一只暹罗猫。当我还在上初中时，我的祖母送给我一件非常漂亮的炭灰色毛背心。我非常喜欢这件毛背心，总是把它穿在身上。直到有一天，我回到家，发现考基在我的床上正抱着毛背心又舔又咬，我赶快拿起毛背心，发现正中间破了一个大洞。于是我冲着考基大喊大叫，他飞快地逃出门去。

其实，舔食羊毛在某些品种的猫咪身上并不罕见，尤其是暹罗猫或是有暹罗猫血统的品种，只是我们不知道罢了。事实上，兽医研究人员已经发现，这种奇怪的癖好是来自于一种强烈的遗传倾向。专家们的报告认为，在所有嗜好舔食羊毛的猫咪中暹罗猫就占了大约 50%，但是造成这一现象的具体原因目前还不得而知。绝大多数猫咪在长到 2 岁之后就会逐渐停止这种行为了。

至于说到该行为本身，除了某些猫咪身上的遗传倾向之外，还有一种理论认为，如果幼猫是在 6 周之前就被人从猫妈妈身边抱走的话，羊毛制品对于他们会格外具有吸引力，因为当时他们还没有完全断奶。他们找到羊毛毯子或是其他羊毛衣物，当作是对自己过于短暂的吃奶阶段的补偿。

一旦舔食羊毛的这种行为上瘾，让其彻底戒掉才是最好的治疗方法。你自己要主动将所有的羊毛衣物都拿走，让塞克既看不到羊毛更吃不到羊毛。把你的羊毛袜子和背心都放在抽屉里藏好，再将其他羊毛衣物放在衣橱里，衣橱所在的房间门一定要关好，冬天也要确保塞克无法在你的床上找到羊毛毯子之类的东西。

> 🐾 **猫咪小常识**
>
> 尽管尤利西斯·恺撒、亨利二世、查理六世以及拿破仑都曾经作为领袖以及占领者统治过这个世界，但是他们竟然都害怕猫。

下一步，把一些他不那么喜欢的东西——比如说香水喷雾——喷洒在羊毛衣物上。尽管这种东西也有诱人的味道，但却不会伤到塞克——我在十几岁时曾经对考基犯下过类似的错误。冲着猫咪大喊大叫只会令他更为兴奋，更加偷偷摸摸地要将那些"被关起来的"东西拿出来。

你也可以向兽医咨询一份食谱。有些热衷于吃羊毛的猫咪在吃过一些富含高纤维的食物后会对这些食物更感兴趣。最后，还要让塞克玩一玩"智力游戏"，比如，把食物装在几个漏食球里，或是把食物散落在房间各处，让塞克四处寻找，还可以在几个不同的房间里放上各种互动性很强的玩具。上述工作旨在提高他的活动能力，延长他的进食时间，以此来分散他的注意力。

猫咪更喜欢塑料电线

问：我有一只 10 个月大的小猫咪塞莱斯。我最近一天里竟然两次发现他在我的起居室里抱着电线啃。我是在准备开灯时才发现他的这个嗜好的，当时我还以为是灯泡烧坏了，直到我注意到电线已经被咬成两截了才意识到是怎么回事。我之前就曾经听说有的猫咪喜欢吃诸如卫生纸或是报纸之类的，但是塑料电线对猫咪又有什么吸引力呢？我怎么做才

能制止他？我可不想让他不小心触电或是引起火灾。

答：有很多动物都喜欢吃一些并非食物的东西（这是一种被称为异食癖的习惯），这是因为动物们的食物中可能缺乏某些物质。但塞莱斯咀嚼电线则极有可能是他感到无聊，他渴望有更多的关注和更好玩的游戏来填充白天的无聊时光。所以要确保他确实有玩具可以玩，在窗台边有一处可以观看窗外的景致的地方，当然还需要你和他有大量的互动时间。

也可以考虑在屋里种上一两盆猫草以供塞莱斯开心地大嚼，这样也能满足他总想啃咬些东西的冲动。

塞莱斯咬电线可能会引发火灾或给他自己带来伤害，你的这种担心完全正确。幸运的是，现在已经出现了预防产品，即可以有效防止猫咪啃咬的电线保护层。这种产品易于安装，且在各类宠物用品零售商店都有出售。你也可以将一种气味令猫咪很讨厌的喷雾剂喷洒在电线的外层，猫咪在将电线放在嘴里时，这种气味会令他们很是作呕。

把东西泼洒一地

问：我发誓我的猫咪可儿身上一定有一半浣熊的基因！可儿总喜欢把她的爪子伸进水碗里，有时她把水泼洒得到处都是，但却一口也不喝。她还喜欢在吃饭时把猫食从饭碗里刨出来，弄得厨房地板上一片狼藉。她并不是总会将洒了一地的食物吃掉，所以我总要没完没了地收拾这个烂摊子。请问，我能改掉她的这种行为吗？

答：尽管猫咪有这样的好名声——他们只喜欢待在干燥的地面上，但其实很多猫咪也是非常喜欢水的。有些像可儿这样的猫咪，喜欢在静止、不流动的水里玩；另外还有些猫咪则更愿意从水龙头里取水喝。对于这种行为，目前已经有很多种理论甚至还有很多传说，但都没有真凭实据。猫咪这种对于流水的兴趣可能也反映出其在过去野外环境中生存时所具备的一种适应性行为。或许是因为流水中的污染物更少，其实有很多野生动物同样更愿意在小溪而非池塘里饮水。

可儿用爪子四处泼洒的行为则可能缘于她觉得有必要检查一下水是否安全。猫咪爪子上的脚垫是其身体上最为敏感的区域，可儿用爪子把水舀出来是想检查水中是否有可能的"危险物"，也有可能是在检查水温如何。猫咪的远距离视力极好，能轻易看清任何在远处移动的物体，但是他们的近距离视力却相对较差。他们主要是靠鼻子来检验食物，用爪子来检验水质。另外，可能她在看到自己的爪子在水碗里弄起了这些小水花，可以让自己小小地欢乐一把。

你必须每天都要给可儿提供清水，即使是她经常把水撒了一地也不要例外，另外还要在家里多放上几个水碗。如果你不介意让她趴在浴室水槽边，可以在水槽里放上几英寸①深的清水，这样她在白天也可以尽情地玩水了。你也可以考虑买一台自动饮水机，价格并不很贵，这种饮水机可以持续不断地向下嘀嗒很细的水流。很多猫咪看到这个物件都乐不可支，这些装备你都可以在宠物用品商店买到。

另外还有一个办法，拿一个容量为一加仑的塑料壶，在距离壶底两英寸的壶身部位剪开一个小洞。这个洞的大小只需比可儿的脑袋（啊，别忘记还得包括可儿的胡子呢）大一点点，这样她既能从壶里喝到水又无法把水撒到地板上。如果她会推着壶到处跑，你还可以把壶固定在墙边。

至于可儿这种混乱不堪的吃饭习惯，首先要做的是检查她的牙齿是否有问题。有些猫咪长了坏牙或是牙龈发炎，就很难咀嚼或吞咽猫食，所以，要确认可儿的牙齿以及牙龈都很健康。如果牙齿没有问题，那么

---

① 1英寸 =25.4 毫米。

让我来提几条建议给你吧。

你的猫咪有可能是对每天千篇一律的饭菜深感无聊。你可以把食物加热，这样能够让食物散发出更为诱人的香气，或者你可以为可儿的进餐过程增加些冒险经历。和你一样，我也有过这样一只猫咪萨姆，她在吃饭时的最大乐趣似乎就是把猫食扔得满地都是。后来我就把猫食放在厨房以及餐厅各处，让她自己追踪过来找到后再享用。对于这种能够征服并占有自己食物的过程她很是乐在其中，而且对于这种进食安排也很是满意。所以，你也可以试着给可儿这样安排，当她找到并吃掉自己的"猎物"时要及时表扬她。她可能会越来越喜欢这种"捕获"食物的过程，而且也不会再把食物扔得满地都是了。一种带几个小洞的猫漏食球也可以解决你的问题。

为了不让猫食碎渣满地都是，就不要用垫巾纸了，它们实在是太小了。可以选择一种有一圈外沿的托盘作为替代品，这样就可以防止食物散落到地板上。或者为了加大防护区域，可以选择一种能够在猫咪进食时铺在厨房地板上的塑料桌布。你可以很方便地把塑料桌布拿到户外，抖掉食物碎屑，用海绵擦洗干净，然后只需叠起来放进餐具室或是柜橱里，等到下次猫咪的进餐时间再拿出来用。

最后，再仔细检查一下猫咪的餐具是什么材质的。猫咪绝对有自己的偏好，有些喜欢陶瓷或是钢制的而非塑料的，因为塑料饭碗或水碗会散发出一种不新鲜的气味。有些猫咪则喜欢开口足够宽大的饭碗，这样他们在进食的时候，自己的胡子就不会碰到碗边了。所以，如果可儿现在用的是塑料饭碗的话，尽量为可儿换一个敞口的陶瓷饭碗，这样也可以使她在吃饭时更讲卫生了。

> **猫咪饮水小贴士**
>
> 　　宠物用的自动饮水机通常都配有活性炭过滤装置，这种物质可以保持水的清洁并能吸附异味，而饮水机里的水在流动、循环时还能发出声响，这些响动对一些猫咪极具吸引力。如果你一旦为猫咪选择了自动饮水机，你要明白，水对于猫咪的健康来说是必不可少的，所以一定要确保饮水机里总能有大量的清洁饮用水。

充满爱意的口水

　　问：我把我家称为"口水之家"。我不仅有一只牛头犬金宝，简直就是个口水大王，现在就连我的猫咪在和我亲热时也开始流口水。博加特是一只斑纹猫，我在一年前从我们这里的动物救助站把他带回了家，当时他在救助站里看起来就好像是一只四处刨食的流浪猫。我们觉得他现在应该有3岁了。他真是太爱流口水了，以至于我不得不在手边放上一条毛巾，这样他在趴到我的膝盖上"呼噜呼噜"时我能随时给他擦去流出来的口水。他为什么会流口水呢？

　　答：我们知道，猫咪只有在感到心满意足时才会发出"呼噜呼噜"声，但是有些猫咪在非常放松的状态下或是感到很开心时也会流口水。他们为什么会流口水，这个问题至今仍是"喵星人"的一个未解之谜。和巴甫洛夫先生的那几条著名的狗狗（狗狗们在听到开饭铃声时就会流口水）一样，博加特在得到了某种真情实感时也会条件反射般地流出口水。在你所描述的情况中，这个令他流口水的时间点就是他趴到你的膝盖上享受美好时光以及你所给他的爱抚之时。所以还算你幸运，博加特将你视为一个值得信赖的朋友——这样的朋友应该是那种能够让他心满意足、

完全放松（包括流口水在内）的人。

身体的某个部位受到刺激可能会激发他的唾液腺做出反应。最有可能的是，当你在摩挲他的头、下巴以及脖子周边区域时他就会流口水。所以等到下一次他再跳上你的膝盖时，你可以摩挲他的上述部位，做个实验看看。等到下一次，你可以将摩挲的区域限定在他的背部，用温柔甜蜜的语调和他说话。你会发现，当你摩挲的部位不是那么敏感时，他流出的口水也就相应地减少了一些。你很聪明，在手边准备了一条毛巾，可以随时擦掉他流下的口水，以防口水滴到你的膝盖上或是躺椅上——淌口水是一种较难纠正的行为。在某些情况下，流口水是缘于身体出现健康问题，所以还是提醒你带他去一趟兽医那里检查一下。

厨房工作台上的突击队员

问：每当晚上回到家，我总是要把我的两只波斯猫苏尔特和派珀（注：这是盐和胡椒的英文发音）从厨房的灶台上轰下来。我简直都不愿去想这样的画面——他们甩着自己那沾满猫粪的爪子在我每天准备一日三餐的灶台上走来走去。特别是当我家的客人目睹了猫咪跳上灶台的情景时，当时的状况简直令人难堪。他们俩在其他诸多方面都是非常好的猫咪，但是我该怎么做才能改掉他们这个令人头疼的坏习惯呢？

答：盐（苏尔特）和胡椒（派珀）确实是应该放在厨房里的，但应该放在调料架上而不是灶台上。猫咪流连在厨房的灶台上对于很多猫咪主人来说确实是一件烦心事。一想到脏兮兮的猫爪子在用来准备一日三餐的灶台上肆无忌惮地走来走去无疑是很倒胃口的，对这一点我完全同意。另外，猫咪这样做也是相当危险的，一只充满好奇心的猫咪很可能会跳到热腾腾的炉子上或是踩到放在案板上的锋利的菜刀。

为了让这些行动敏捷的猫咪离开这个地方，你首先要弄明白猫咪们为什么会首先选择跳到这个地方上去。请你站在猫咪的角度来想一想。灶台比较高，猫咪们都很喜欢在一处安全、居高临下的位置来俯瞰整个环境。另外，厨房的灶台还另有玄机：台板上的味道很好。即使是灶台在用完之后进行了很彻底的冲洗，仍然会残留着比如煮鸡肉、金枪鱼比萨、烤牛排的味道，巡视到此的猫咪当然想要找到些没有被你的海绵垫洗刷干净的剩饭残渣。

在高处巡视的这一行为其实完全可以换到你家更为安全、也是居高临下的地方去进行，当然，这需要你将厨房餐桌以及灶台重新布置得远没有以前那么有吸引力。比如，可以先暂时性地将上述地方重新装饰一番，这样就不会对你家的双猫组合产生那么大的吸引力了。

可以将双面胶贴在灶台和餐桌的边缘处，猫咪非常不喜欢黏黏的胶带粘在爪子下的感觉。如果你想在准备饭菜以及用餐时也不必将双面胶取下来，那么还有一个好方法：可以把双面胶放在盘垫纸下，再将盘垫纸放在灶台各处。

在灶台中间放几个装满水的烤箱盘（都有边的那种）。如果猫咪绕开双面胶，走到这里时发现自己溅起了很多水花，就会迅速地跑开。猫咪站在地板上是无法看到双面胶以及浅盘的，这也能做到出其不意。第三个小妙招就是用一种猫咪非常讨厌的有柑橘水果香味的清洁剂来清洗工作台。

当然你也可以利用高科技手段，但是投入的成本可能会比较高。市场上现在有几种移动探测

器，就是用来阻止猫咪跳上灶台的。一旦猫咪跳上来之后，台子上就会响起警报声，还会迅速释放出一种无害气体。即便是我，如果想侵入本不属于我的地盘，遇到这种情形也会被搞得胆战心惊的。

> 🐾 **猫咪小常识**
>
> 一只猫咪跳起来的高度可以达到其身高的 7 倍多。

还有一点同样非常重要：要给猫咪提供一两处同样可以居高临下俯瞰全局的合适地点。如果你觉得选在书架上或是壁炉台上还不错的话，就要将这几处候选地点清理干净。我建议，可以在你家里人员穿梭比较频繁的地方放上一个结实的猫爬架，比如起居室的角落，猫咪在这里能够趴在一处非常舒服的位置来俯瞰家里的忙碌景象。或者，还可以在临街的窗户旁再放上一个猫爬架，猫咪可以在这里观察邻居家有什么情况发生（够八卦）。在猫爬架上撒上一些猫薄荷，将猫咪哄上来，再放上些小零食，这样当你外出时，猫咪就可以爬上来找吃的了。如果你在这些架子上看到猫咪们，记得要给他们一些特别的奖励。

猫咪喜欢的音乐

问：我的猫咪胆子非常小，生活作息哪怕有一丁点的变化都会令其惊恐不安。我以前曾经读到过一些资料，说某些音乐可以令猫咪平静，是真的吗？如果是的话，什么类型的音乐最有效呢？

答：如果你现在正在找一种可以安抚猫咪的方法，那么答案可能就是竖琴疗法了。有充分的证据表明，竖琴音乐能够为人们——特别是那些因罹患癌症以及其他晚期重症而在医院接受治疗的病人——提供一种很受欢迎的娱乐方式，使人们心情愉悦。音乐可以缓解疼痛，降低焦虑感，也可以作为病人的一种非常有效的可以分散注意力的娱乐方式。上述发现也同样适用于我们的宠物。

苏·雷蒙德是一位小提琴家及作曲家，她同时还是将竖琴的改进疗法应用于宠物的倡导者。作为细胞音流学以及振动噪声方面的专家，她一直担任着圣迭戈加州大学疼痛控制方面的兼职讲师。她在狼、狗、猫、山羊、绵羊、驴子以及大猩猩等动物身上进行了竖琴音乐效果的测试，并对其研究结果编写了研究报告。

她的竖琴疗法引起了一些顶级兽医以及动物行为学家的强烈兴趣，这些专家一直将音乐作为用来改正家庭宠物因过于紧张而形成的不良行为的辅助性工具。塔夫茨大学的康明斯兽医学院以及加州大学戴维斯分校等一些兽医专科学校都推荐使用她的 CD 用来治疗宠物们的分离焦虑症。

帕特里克·梅勒兹医生是圣迭戈的一位兽医及注册动物行为学家，他很推崇通过播放竖琴音乐来安抚过度焦躁的宠物的这一做法，他认为，音乐确实能够帮助某些焦虑不安的猫咪和狗狗平静、放松下来，最终能够沉沉睡去。其他专家也表示同意并提出了补充意见，古典音乐似乎还能驯服斑纹猫心中的野性。其他可能的好处还包括：心跳及血压都可以慢慢降下来，呼吸也可以更为舒缓，内啡肽水平升高，应激激素水平降低。这可以被认为，听音乐的过程使得那些等待手术的动物其压力降低和紧张焦虑的情绪逐步缓解，并缩短术后的恢复时间。

那么，竖琴疗法的疗效又如何呢？雷蒙德说，拨动的琴弦发出的泛音——像狗狗的口哨声——有时是无法被人耳捕捉到的。这种谐波泛音似乎是在血压更低一些以及压力水平也降低的情况下才能被听到，尽管这一结论还需要科学研究来予以证实。如果你将这些声音都当做是新纪元音乐的话，那就完全没有走调。但是这项工作在音乐对于人类健康的

治愈力方面还是非常具有研究价值的。

每当雷蒙德需要将她的猫咪送到兽医那里时，她就会在 20 分钟的车程中播放有竖琴音乐的 CD 给猫咪们听。她说，如果音乐没有响，她的三只猫咪就会发出嚎叫，而当她播放音乐时她的三只猫咪却能表现得很平静。雷蒙德说，通常情况下绝大多数的猫咪会在音乐的陪伴下开始安静下来，而在 10~20 分钟之内，大多数猫咪会以一种很放松的状态躺下来，有些猫咪甚至会彻底睡过去。现在似乎每个人的耳朵里都是甜美的音乐声。

浴美人

问：每次当我要洗泡泡浴时，只要我的猫咪听见放水的声音，就会迅速溜进浴室。我洗的时候她就蹲在澡盆边上，有一次她还滑了下来一头栽进了浴盆里！即使这样还是无法阻止她又一次蹲在澡盆边。难道洗个澡真的有什么大不了的吗？

答：正如我们在第 96 页的内容（"把东西泼洒一地"）中解释过的，很多猫咪对于流动的水都非常着迷，而不会在乎水是从哪里流出来的，浴盆也好，水槽也好甚至是淋浴莲蓬头里流出来的水也好。有些猫咪甚至会在淋浴器还开着的时候，就蹲在浴盆的边上。但是泡泡浴对于猫咪则有着与众不同的吸引力。好好想一想，当你坐在浴盆里时，你通常都是非常放松、平静的状态，几乎不想动弹，所以这些特点通常也会体现在猫咪身上。而泡泡对于猫咪来说则是一种非常迷人的构造，可以让猫咪挥爪拍打。

所以依我看，还是尽情享受和猫咪在一起的宁静时光吧。你的猫咪小朋友绝不会在你穿上"生日晚礼服"时和别人品头论足你的身材如何如何。所以我很希望你能在打开水龙头之前唤来你的猫咪，这样一来，你也可以借助一种猫咪很喜欢的方式来强化她对于"过来"这一口令的服从。之后，就让那些泡泡飞来飞去吧，在沐浴放松的同时充分享受着有猫咪陪伴的美好时光。

圣诞老人不待见的帮手

问：每年当我们摆好装点完的圣诞树时，我们的猫咪里奥都会决定要试试自己的攀爬本领。每天早晨，我都会发现圣诞树上的有些装饰物已经破了，散落在起居室的地板上。有一次他真的跳上了树，用力如此之大，最后把树都撞倒了。请问，我怎样才能制止里奥不要再破坏我们的圣诞树？

答：圣诞节通常都会将猫咪体内的小恶魔召唤出来，他们最喜欢的圣诞颂歌一定是"蠢笨的爪子打翻大厅"。很多猫咪都会对那些出现在他们地盘上的新事物感到非常好奇，特别是一棵真正的树这样的东西更是让他们倍感有趣。里奥很可能是和你们大家一样，非常喜欢新鲜松树的气味，他认为这是一件非常好的提前到来的假期礼物——户外大自然的气息。

另一个主要的诱惑就是圣诞树上挂的那些闪闪发光的装饰物和金属亮片，很多猫咪都非常喜欢闪亮发光的物体。里奥发现，他用爪子轻轻拍一下，这些闪着光的东西就会动一动，他再拍一下，这些

东西就会变成好玩的玩具从空中掠过落到地板上。

第三个诱惑可能是圣诞树下面的东西。如果猫薄荷和食物都是在圣诞节到来的头几天被当做圣诞礼物包裹放在树下，里奥是不会等到 12 月 25 日圣诞节当天的。所以还是等到你已经准备好和家里人一起打开礼物时再将礼物放在树底下吧。

在下面的内容中，我会教给你几个方法，可以让你的圣诞树对里奥来说不那么有吸引力，或者最起码对他来说安全些。

- 把一个钩子装在天花板上或装在距离圣诞树最近的一扇窗户顶部，再穿上高强度的渔线并用渔线将圣诞树固定好。两个钩子当然就更好了。
- 把最为贵重的及一些容易打破的装饰物挂在更高一些的树枝上，或者可以考虑把它们放在其他地方（只要不是圣诞树上）展示，比如说壁炉台或是书架上。把那些不易打破的装饰物挂在树上。
- 将猫咪的一些不易打破的玩具放在圣诞树旁边的地板上，可以使对树充满好奇的猫咪将注意力转移到玩具上来。
- 把一些橘子皮和葡萄皮放在树下，猫咪非常讨厌柑橘类水果的气味。
- 可以考虑把猫咪转移至另一间房，这里有很多令猫咪倍感舒适的设施，这样可以防止他在你们举家外出或是晚上就寝之后搞出一些假期恶作剧来。
- 猫咪喜欢玩那些闪闪发光、沙沙作响的金属片及装饰物，甚至还喜欢咬上几口，但如果猫咪把这些东西吞下去，对他们来说是非常有害的。所以要么把它们包在一起扔掉，要么只挂在最高的一个枝杈上。
- 给圣诞树穿上一件"树裙"或是挂上一块彩色桌布，这样猫咪就不能从树下面的蓄水池里喝到水。这些水会让猫咪生病的。

攀爬窗帘的高手

问：我们住在一处从我祖母那里继承来的老房子里。我们都非常喜爱这里的古董家具以及一面非常漂亮的窗帘，这幅窗帘挂在我们起居室里一面大的彩绘玻璃上，可以起到装饰的作用。但是我的猫咪雷吉总是要爬到窗帘上。当我冲他大喊大叫命令他下来时，他照做了，但是我不能整天待在家里监视着他。而且不幸的是，窗帘上还是出现了几个爪子印。我该怎么做才能保护好我的窗帘呢？

答：由于总需要到高处去，所以猫咪生来就是攀爬好手。你钟爱的古董窗帘变成了那种能够吸引周末运动爱好者的攀岩墙（只不过变成了猫咪攀爬版本）。

这里提供几个选择供你考虑。你可以在窗帘杆的两端放上几个铝制易拉罐保持平衡，这样在窗帘上设几个"陷阱"，把几个硬币分别掷进小罐里，以增加冲击力。这样，这些小罐撞到地板的声音应该会令你家的爬窗帘高手受惊不已，也应该会令他相信这样的情形对于今后的探险活动无疑是非常可怕的。

或者，还有一招，你可以先临时性地在窗帘杆上挂上另一件窗帘或是轻质毯子。这样当雷吉再准备爬窗帘时，他就没办法抓牢进而爬上去了。窗帘或是小薄毯会掉到地上这也能使你家的"窗帘探险家"倍感沮丧。再或者，可以先将窗帘临时性地穿过窗帘杆叠成两半。还可以在窗帘底部 1/3 处喷洒一些带有柑橘类水果味或是其他猫咪非常讨厌的气味的喷雾剂，以此来作为威慑。

上述这些临时性措施都是旨在让雷吉明白，窗帘其实既不好玩又不安全。一旦上述措施见效果了，你就可以将窗帘恢复到你原来想要的样子了。

有一点很清楚，雷吉需要有一个适合的渠道或是出口能够炫耀自己的攀爬本领。除了阻止他再爬窗帘之外，可以为他准备一个用毯子裹起来的猫爬架。如果你家里有从地板直通天花板的柱子，可以在其中一个柱子上绕上西沙尔麻绳，这样当雷吉再表演精彩的猫咪体操时，就为他鼓掌喝彩吧。如果你有空余的房间，可以在房间的角落处靠一根较大的树枝或木头便于他攀爬。还可以将吊床绳子一端固定在墙的高处，另一端固定在地板上。如果他对看景色也很感兴趣的话，可以为他在窗边搭一处小台子，让他趴在上面悠闲地观景。

最后一招，你可能会愿意用遮光帘百叶窗替换掉原来的那些窗帘。在有猫咪的居家环境中，竖直的百叶窗相对于横向的百叶窗应该是更好的选择。前者对于猫咪来说更难攀爬，即使是身手最为敏捷的猫咪也会无计可施。

天啊，撕纸魔！

问：我得说，好在卫生间里的卫生纸和纸巾还不算贵，我的阿比西尼亚猫艾比盖尔，似乎总能从这样的恶行中感受到无穷的乐趣。她把所有的卫生纸从纸卷上扯下来，还把纸巾从盒子里揪出来并撕个粉碎。每次我们离家出门前都会记得将浴室的门关好，但艾比盖尔只要逮到哪怕一丁点机会，就会破坏卫生间里所有的纸制品。请问，有什么理论可以对这些行为给予解释吗？您对此又有什么建议呢？

答：阿比西尼亚猫就是"活泼"这一单词的最佳注解。他们痛恨无聊的感觉，如果他们认为有必要，就一定要自己搞出些乐子来。情况很清楚，艾比盖尔需要更多的游戏时间以及更多可以令她兴奋的游戏，这样才可以使她的注意力以及精力都集中于此。我来给你提供几个补救方法，来应对你忘记关浴室门之后发生的情况。

- 用完纸巾后可以把纸巾盒倒置过来，这样艾比盖尔再想从纸巾盒里抽纸出来撕着玩，会发现比往常要麻烦得多了。

- 可以安装一个卫生纸卷器，这样卫生纸就能藏在底下，可以防止猫咪的爪子抓到卫生纸尾端，也无法拆开纸卷。

- 在一张纸巾上喷上气味令猫咪很讨厌的喷雾，然后把这张纸巾盖在纸巾盒或是卫生纸卷的上面，这样就可以防止你家那位贪玩的小朋友再搞破坏了。

- 设个小陷阱——在纸卷上面放一小杯水，只用半杯水即可。被水浸湿了毛，绝对会让哪怕是最坚定的撕纸魔倍感挫折的。

菲尔伯特为何变得如此古怪

猫咪主人带着她16周大的小猫咪来到我的诊所，当时她脸上的表情只能用目瞪口呆来形容。她的那只曾经既甜美又活泼的小猫咪如今总是像僵尸一样死盯着一个地方一动不动，要不就好像是被恶魔附体一样不停地发出"哈哈"声或是低吼声。我随后为猫咪进行了身体检查，很显然，猫咪的身体肯定出现了某些问题。首先，这样一只黑白花的猫咪其体重明显是过轻了。

"尽管他一直吃得相当不错，但自从我们带他来到这个家，他就几乎没怎么长肉。"猫主人说道。检查室里的菲尔伯特显得精神迟钝，对追着绳子上的铃铛跑这样的游戏完全提不起兴趣来。对于一只正常的猫咪来说，这简直是闻所未闻。

我为菲尔伯特进行了全面的血细胞计数、血清化学平板以及尿常规的分析。菲尔伯特的血细胞计数表明其患

有小红细胞症，也就是说，他的红细胞体积明显小于正常的细胞。化学分析显示，他的几项肝脏转氨酶升高。这几项发现对于证实菲尔伯特患有先天性肝脏疾病具有非常重要的参考价值。另外还有一项被称为胆汁酸试验的血液检查，其结果也能够验证我的怀疑。最后，和我的怀疑一样，菲尔伯特确实患有肝内门体分流症（PSS）。

门体分流是一种生理缺陷，是指大部分血液流经肠壁或者直接绕过肝脏被分流，肝脏无法有效地将血液中的毒素排出，致使毒素未经肝脏而直接进入身体的大循环中，因而使得猫咪出现了一系列的临床症状。有些症状体现在身体上，诸如流口水、战栗、生长发育迟缓、瞳孔放大、呕吐、腹泻、总是口渴以及尿频，通常，患病的猫咪还会出现一些行为上的症状，比如昏睡不醒、目光呆滞、眼睛死盯着一个地方或是具有攻击性。我们称其为肝性脑病，大体上可以解释为一种由于肝部疾病所导致的心理障碍。

为菲尔伯特做的腹部超声检查显示，猫咪体内出现了一种"肝外"分流的情况，也就是说，必须要对肝脏周围的肠壁血管施行一次较为复杂的手术。

在菲尔伯特动完手术出院后，他的主人汇报说，猫咪又恢复了原来的精气神，热情开朗的性格又回来了。六周之后，菲尔伯特的主人又把他带到我这里做绝育手术，而我自己也目睹了他的变化。他的活泼好动、坐立不安几乎让我无法用听诊器听到他的心跳。当我最后终于能够让他安定下来，好把听诊器放在他的胸口时，我几乎还是无法听到他的心跳，因为他的咕噜声实在是太大了！

菲尔伯特的病例非常典型，即从行为上出现问题（肝性脑病）继续追根溯源，找到病因———种病理解剖（门体分流）。

本部分资料由 DVM 的阿诺德·普洛特尼克提供

我的床上有只死鸟！

问：我的猫咪罗基都是从我家的狗洞进出后院的，我们在那里放了一只喂鸟器。差不多每过一段时间，我都会在枕头边发现一只死鸟，我看到后几乎要昏过去了。我很想斥责罗基，但她却带着一脸的骄傲看着我。罗基虽然已经8岁了，但她依然活泼得像一只小猫咪。她为什么要这样做呢？

答：猫咪总是有各种各样新颖的方式来向我们展示他们有多么爱我们，还有，他们是货真价实的好猎手。我的猫咪考利也曾经将一只硕大的老鼠"赠送"给我——和你一样，我当时也几乎昏了过去。不论这些礼物是死鸟、死老鼠，还是蟋蟀什么的，我们的猫咪其实是在展示他们的捕猎本能。我们总是把他们的饭碗装得满满的，所以这些家养出来的猫咪并非因为挨饿才会去捕猎。

有些猫咪将他们的猎物带回家只是计划将其作为自己的饭后加餐，但其实大多数猫咪只是将猎物的尸体留在那儿。有研究猫咪行为的专家推测，猫咪们将"礼物"带回来有可能是想要训练我们，可能猫咪觉得我们人类是多么差劲的猎手啊。或者，他们这样做也有可能是想得到我们的批准，他们没法出门，没法刷卡买贵重的礼物，所以他们就通过打猎，送给我们在他们看来是非常贵重的礼物。

无论如何，你都不能扼杀掉罗基对于打猎的需求，这在她的脑子里是根深蒂固的（见第10页，"捕猎者还是猎物"）。但是，你可以在罗基的项圈上套一个铃铛，这样也给那些有可能成为罗基猎物的小动物们以逃生的机会。如果罗基不出门，你也不必将喂鸟器挂起来——这样，待在屋里的猫咪也能享受透过窗户观察外面情况的美妙时光。可以给罗基一些人造猎物，作为那些死鸟、死老鼠的替代物，比如电池驱动的玩具

老鼠,这种玩具老鼠可以进行不规则的移动,让她在家里围着这些人造猎物追跑打闹,度过快乐的捕猎时光!

我的猫咪脏兮兮

问:我一直都认为猫咪是非常讲究卫生、非常注意清洁的,但我的猫咪却像一个专门聚集污物的吸铁石。她喜欢在外面的垃圾堆里打滚,她还在我的花园里挖泥,然后开心地炫耀她那脏兮兮的爪子和肚子。她原本漂亮的黑色背毛现在满是污垢和灰尘,她为什么要把自己弄成这样?

答:通常情况下,猫咪都喜欢骄傲地炫耀自己那身整理得几乎纤尘不染的皮毛,他们每天都会花上好几个小时来梳理自己的毛发。但是,如果狗狗在散发着恶臭的东西(比如死鱼以及鸭粪等)里打滚,还算稀松平常,而绝大多数的猫咪是不会光顾这样充满恶臭的地方的。所以,你的猫咪这样做一定是有原因的。

其中一个主要原因就是,在他们每天例行的梳理毛发的过程中,会脱落很多死毛,这样一来就可以将之前整理过的毛发松散开并把死毛从皮毛中清理出去。污物和灰尘可以将藏在猫咪皮毛里的跳蚤和其他有害生物筛下来。猫咪也可能会在污物以及花园的泥土里打滚,这样可以除掉身上不喜欢的气味,比如凯特姨妈身上浓烈的香水味,抑或是吉姆小表弟身上难闻的雪茄味。另外,能够在一处高低不平的地面上打个滚感觉应该很舒服,就好像做了一次小型泰式按摩!

我的猫咪考利过去也是如此,我一带她外出,她就喜欢在地上打滚,但是现在,我定期为她梳理毛发,帮助她保持清洁,这样她那一身雪白的毛发就不会满是灰尘了。她其实也很享受我对她的关心,梳理背毛的感觉如同在我家的甬道上打滚一样舒服。

很多猫咪看到一个熟悉、友善的人向他们走近时，就会躺在地上打滚，这似乎是在说："我对你足够信任了，所以我向你亮出我的肚皮；也许你可以再靠近些，搔搔我的耳朵，看，我有多么爱你！"当然，经常出现的状况却是，每当你靠近，猫咪就会迅速跳起来撒腿就跑，所以你看，谁知道她到底想要怎样呢？

你还提到了你家里的花园。我想，是猫咪的鼻子将她带到这个气味敏感的地方，在这里她可以尽情享受自己脚垫上沾满泥土的感觉，以及花园里各种花草的香气。在泥土里打个滚可以给她在户外的时间增加很多的乐趣。

为猫薄荷而疯狂

问：我真希望你能帮我们解决这样一个家庭内部赌局。我说所有的猫咪都会对猫薄荷的气味产生反应，但我丈夫坚持认为不会。我的猫咪琪琪，每当我在她的猫爬架上撒一小把猫薄荷时，她都会颠颠地跑过来，飞快地爬上去，在猫薄荷里滚几下，然后就把所有的猫薄荷都吃掉。她真的很喜欢猫薄荷，但我丈夫的那只猫却完全无视猫薄荷的存在。说到猫薄荷，猫咪们到底是怎么回事呢？

答：我真希望你打这个赌时没有压上太多的钱给你丈夫，因为他会赢得这个善意的赌局。众所周知，各种各样的猫科动物，从家养的斑纹猫到草原雄狮，都会在这种芳香草本植物的叶片上打滚，摩擦他们的脸或是扭动他们的身体。研究报告称，有多达70%的猫咪在面对猫薄荷时会出现某种反应，而这种反应的激烈程度则要视各类猫咪的遗传基因而定。小奶猫们在长到6周之前都对猫薄荷不感冒，而大约有30%的成年

猫对猫薄荷毫无反应。不同的猫咪，即使是一奶同胞，对于猫薄荷的反应也各有差异，表现的范围从毫无反应到欣喜若狂甚至不能自持。

猫薄荷（Nepeta 荆芥）是薄荷家族中的一种。猫薄荷叶中分泌出来的油含有一种名为环烷烃的化学物质，它散发出来的气味很像是母猫腺体分泌物的气味。研究人员并不清楚这些刺激物是如何发挥功效的，但是环烷烃肯定是被吸入到达猫咪犁鼻器的嗅觉受体后，引发了猫咪的反应。大多数的猫咪会用猫薄荷蹭他们的下巴、脸颊，还将整个身体放在里面打滚，而还有一些猫咪则会舔或是嚼猫薄荷。猫咪这种反应持续的时间，平均在 5~15 分钟。

一两撮干的或新鲜的猫薄荷都足以让猫咪变得野性十足。有一点发现也非常有趣，猫咪的这种应激反应在接触到猫薄荷一小时之后就无法再被激发起来了。所以出于某些原因，猫咪在用了猫薄荷之后到再次激发起反应之间还需要一段时间。可以在猫咪睡觉前的 20 分钟时给她一些猫薄荷，这种草本植物能够让他们兴奋不已，这样等他们精疲力竭时就能睡上一整晚。

我建议你可以在猫咪的玩具里塞进一些有机猫薄荷，这是猫薄荷产品里的最新高级产品。将干松的猫薄荷放在密封的干燥容器内，避免阳光直射。不要将猫薄荷放在冰箱里，因为又冷又潮的环境会削弱这种草本植物的效力。

你可能会想尝试一下，给自己弄上一杯猫薄荷泡的茶水。对人类而言，猫薄荷的功效相当于镇静剂而非兴奋剂，所以，弄上一点泡茶喝，也算是帮助我们进入梦乡的绝佳选择。

忍冬花，谁想要？

如果你的猫咪对猫薄荷并不感冒，那么可以试试给他的玩具里塞进一些忍冬花的碎屑或是直接来一点忍冬木，这些东西在宠物用品商店或是网上都可以买到。忍冬灌木科的忍冬植物给猫咪带来的反应与猫薄荷类似但是程度要相对弱一些。在用之前要先将忍冬浸湿，使其气味能够挥发出来。

不要让猫咪嚼生的忍冬木或是忍冬种子，要当心，因为有些种类的忍冬植物是有毒性的。

我这里还有一则趣闻可以和众多的爱猫的朋友分享：科学家们的研究报告发现，大约有 30% 的猫咪（就是这部分猫咪对猫薄荷全无反应）会对忍冬花的香气产生反应。

热爱键盘的猫咪

问：我经常在家工作，我很喜欢让我的猫咪斯帕姆和我一起待在工作室里。他通常都睡在位于书桌一角的猫床上。我通常会花很长时间坐在电脑旁，有时斯帕姆就会在键盘上走来走去，挡在我和显示屏中间。总是不停地把他挪开也是一件很烦人的事，而且我也担心他会误踩上哪个键，导致我失去电脑里的一些数据，但是我又不想把他关到工作室外面去。请问，你有什么好的建议吗？

答：电脑和猫咪一定不要混在一起。一只猫咪走或坐在键盘上，或是趴在显示器上，或是用脸不停地蹭电脑机箱，所有这些都有可能导致应用程序突然掉线、文件被删，一些乱码被敲进了 WORD 文档里，甚至硬盘突然崩溃。我在工作时，也很喜欢让猫咪待在旁边。我的一只猫咪经常会将自己摆在电脑显示器和我中间，直到我意识到，她是在想方设法得到我的关注。所以，我就把一个猫床搬到一把空的办公椅上，并

把它拉到我的椅子旁边。这样猫咪就会感到满意了，当我在敲键盘时也不再想方设法地要在我的键盘上跳舞了。

让猫咪远离键盘可是比让他们远离厨房工作台还要棘手。斯帕姆看来已经在你的书桌上拥有属于他自己的地盘了，所以你目前的工作就是不要让他走进你的工作区域内。不要冒险想用水逼走他，因为你也不想毁了自己贵重的设备。如果他爬上了你的键盘，你可以抱起他再把他放在地板上。一开始你可能会多次重复这几个动作，但是最终他会明白，电脑属于他不能靠近的禁区。

可以和他玩一个完全不同的猫鼠游戏，从鼠标这里朝屋子对面扔出去一只玩具老鼠。在你准备坐到电脑旁开始工作之前，你可以花上10~15分钟和猫咪玩一会儿游戏，这样当你工作时他在你旁边就会开始打盹了。还有，在你开始工作之前，一定要先让猫咪吃饱肚子，这样他就不会不停地纠缠你向你讨零食吃了。有时候，你也可以抱起他，把他放在怀里好好地安抚上几分钟，就可以满足他总渴望得到你的关注的心愿，之后他就会再逡巡到其他地方找些其他乐子了。

如果你的猫咪很喜欢玩弄你的键盘而你有时又不在电脑旁，你可以安装一个可缩回的键盘支架，这样当你不用电脑时就可以把键盘推回到书桌下面，好奇心超强的小猫咪也无法碰到键盘了。

当然，还可以使用高科技手段对付他：猫爪感应软件。这是一款能够阻止猫咪进而保护电脑的软件，该软件可以检测出踩上键盘的猫咪体重，进而阻断类似的进入程序或运行系统的某些随机操作命令。此时就会有一行信息出现在显示屏上："已检测到可能是猫咪的敲击。"如果要将电脑解锁，你敲入一个单词"人类"即可。软件买家还可以选择一种让猫咪非常反感的声音，这样，如果有一只猫爪子踩上键盘，即使你不在房间里，这种声音也会因为键盘受到震动而响起来。

最简单的一种解决之道：当你在电脑旁工作时，就把房门关上，让这里成为"猫咪不得进入"的区域。我知道，你并不想这样做，但你可以试上一两天，看看这种方法是否能够有效降低猫咪对于键盘的热爱。

猫咪的滑稽表情

问：我的猫咪曼波到底是怎么了？有几次，当他非常专心地闻着某样东西时，看起来就像是进入了催眠的状态。他微微张开嘴巴，皱起鼻子，做着鬼脸，嘴唇还向后咧着。这真是一个非常奇怪的表情，通常是在他闻灌木丛时才会出现。只有猫咪才有这种滑稽表情吗？这又意味着什么呢？

答：猫咪曼波的表现即为费洛蒙反应。他做出的这种滑稽表情并非仅限于猫咪，很多其他种类的动物，包括狮子、蝙蝠以及马，在闻到某种特殊气味时都会做出这种表情。曼波的鼻子在警告他，附近可能有只母猫正在发情或者有只公猫闯入自己的地盘了。而在你所描述的情况中，这种有趣的气味则是尿。

较为科学的解释是，当曼波在户外时，他会通过体内的某种器官，也就是我们通常所说的犁鼻器（雅各布森器）辨别一种气味，这个器官位于嘴的顶部，可以捕捉到气味的分子颗粒，再将信息传输至大脑。有很多气味都可以催生出费洛蒙反应，但通常多发生在一只动物——无论公母——闻到了尿液时。

曼波其实正在将自己获取的生化信息

素传输到大脑，生化信息素是一种由动物产生、可被当作一种有气味的交流方式的化学物质。深深吸上一口气，仔细地闻一闻，曼波就能接收到有关另一只动物的各种各样的信息，就好像是对方留下了一张自己的名片。他能据此推测出对方的性别、生育情况，另外，当对方一路留下标记时，曼波也能据此推测出对方的健康情况。如果你真想知道有关邻居家流言的内幕的话，去问曼波吧——他的鼻子真的什么都知道哦！

舒服的大腿

问：在杰西之前，所有我养过的猫咪都很满足于坐在我的旁边。但杰西却不，她总是坚持要跳上我的大腿，然后趴好了就开始发出满足的"呼噜呼噜"声。她的动作非常神速，经常是我刚一坐下，几秒钟后她就不知从哪儿跑了过来，然后就跳到我的大腿上。其实她坐在哪儿都可以，但为什么总是要坐在我的大腿上呢？

答：猫咪很像人类。对于那些能够让他们感觉很舒服的地方，总是有一种本能的倾向。我的猫咪"小家伙"非常甜美可爱，但很久以前，我就不再奢望让他坐到我的大腿上了，因为坐在那里他感觉并不舒服。所以，他更愿意与我一起并排坐在沙发上，我也尊重他的选择。

对于那些喜欢被主人抱的猫咪来说，主人的大腿有三个好处。首先，坐下后的大腿的高度较好，猫咪喜欢栖息在离地面较高的位置，这样他们可以俯瞰所处周围环境的具体情况。第二，大腿很暖和，我们身体所散发出的热量对于猫咪很有吸引力，在寒冷的冬季尤其如此。第三，大腿很安全。依偎着一个自己很喜欢的人，猫咪也非常享受这种安全的感觉。

有些猫咪也会充分利用这种能够和主人单独相处的时间，他们会将爪子放在主人的腿上，配合着有节奏的一上一下的动作（哎呀，太舒服了）（见第 22 页的内容："踩奶"）。这种踩奶的动作能够让他们又重新经历一遍美好的童年时光，那时在猫妈妈的照看下是绝对的安全和安心的。如果你在猫咪趴在你的大腿上时整理她的尾巴，或是在猫咪身下放上一块叠好的小毯子或毛巾（可以保护自己的大腿），你可能就会更加享受这样的和猫咪腻在一起的时光。

你真的是很幸运，能够有一只像杰西这么依恋你大腿的猫咪朋友，而她趴在你的大腿上也能带给你满足和放松的情绪。

猫咪和皱纸之间的联系

问：我的猫咪也很喜欢打瞌睡，但是只要我拿出一张纸或是玻璃纸或是金属亮片之类的东西，然后将其团成一个纸团，她立刻就会醒过来，看上去已经做好了捕猎的一切准备。她很喜欢揉纸发出的嚓嚓声，如果我把一个纸团扔出去，她就会追着纸团跑过去。如果我把一个购物纸袋弄得哗啦哗啦响，她马上就会跑过来，如果我把纸袋扔到地板上，她还会跳进去。请问，这种可以发出哗啦哗啦声音的东西对猫咪到底有什么吸引力呢？

答：这些司空见惯的日常生活用品在我们看来都是了无生气的，但它们所发出的哗啦哗啦声确实很像鸟儿、蟋蟀、老鼠以及蝙蝠所发出的很尖很高亢的吱吱声。当你的猫咪假装这些物件都是活生生的动物时，只能说明你家猫咪的想象力很丰富！让你家的猫咪有机会磨炼一下自己的捕猎技巧吧，她也可以在你面前小小地炫耀一把。

> ### 🐾 猫咪小常识
> 曼基康芒奇金猫是一种身材矮小的猫咪，由于其显性基因发生突变，使得这种猫四肢短小。他们的名字来自经典电影《绿野仙踪》中的小矮人。

有些猫咪对那些闪闪发光的东西也有同样的兴趣。有几种猫咪，具体来说是马恩岛猫、日本短尾猫以及曼基康猫，很喜欢收集或是把玩那些闪着光的东西，比如将珠宝、银币藏在一些很奇怪的地方，比如一只鞋里或是躺椅下面。

对马恩岛猫的狂热

没有尾巴的马恩岛猫是最为古老的猫种之一，但这个品种的历史却充满了神秘色彩。根据传说，马恩岛猫作为上帝的生灵之一，是最后一批被运上诺亚方舟的动物，几乎是在诺亚关上方舟大门的一刹那，马恩岛猫才上了船，但是尾巴却被门夹掉了。混乱之中，猫咪逃离了方舟，从亚拉拉特一路游到了马恩岛，并在那里安了家。

另一个版本的民间传说是爱尔兰人把马恩岛猫的小奶猫偷走，并想把他们的尾巴割下来当作护身符。为了挽救自己的孩子，聪明的猫妈妈先行把孩子们的尾巴咬掉了，自此就出现了这种没有尾巴的猫咪。

而缺了尾巴的真正原因呢？可能的解释是，这一品种是由马恩岛上的猫咪繁衍而来，马恩岛位于英格兰和爱尔兰之间，猫咪在这样一个与世隔绝的环境中繁育了几个世纪，结果其基因发生了自发突变，之后尾巴就从这种热情、友善、开朗的猫咪身上消失了。

其实，有些马恩岛猫确实有尾巴，要么是全长的要么是半长的，尽管仍被当做是血统纯正的猫，但是这样的马恩岛猫不

能在猫展大赛的冠军组别中出现。只有完全无尾的"大臀"马恩岛猫以及"稍有尾巴"（只是有一两块尾椎骨而已）的马恩岛猫能够参赛，而那些尾巴短粗或者罕见的几乎有正常长度的尾巴的马恩岛猫仍然可以作为繁育的种猫或是作为宠物猫。

竖得高高的尾巴

问：我的猫咪JJ每当我去抚摸他或是摩挲他的背部时，他就会立刻抬起屁股，把尾巴在空中竖得高高的。很明显他很享受这样的交流，他似乎并不介意向我露了"菊花"，不过我却不喜欢这样。他为什么要这么做？我能不能制止他呢？

答：JJ所表现出的行为就是很多爱猫人士都熟知的"抬臀"行为。你摩挲了JJ的一个合适的位置，就相当于是按下了一个按钮，所以他就不由自主地将臀部抬得高高的。毕竟，打他一出生他就是这么做的。

小奶猫将他们的背部尾端抬起来，尾巴举得高高的，这样做是为了让猫妈妈给他们检查并做清洁。这种早期的刺激既有用还令其非常愉快。JJ现在已经是成年猫了，他的所谓"抬臀"行为只是在用他自己的方式告诉你，你是那个令他信任、可以把自己敏感的部位露给你让你摩挲的人，这令他感到很舒服。

如果要制止JJ这种本能的行为，就好比是在你打喷嚏时硬要你睁着眼睛一样，那根本是不可能的。所以说，放松心情，尽情欣赏他对你的关注所表现出的喜悦之情就好了。如果他在你的亲戚朋友面前也有这样的动作的话（你知道，他会的），那就表现得幽默点，直接宣布现在是"抬臀"时间。如果这还是会令你感到难堪的话，那就不要当着客人们的面去摩挲他的背部。

号外！号外！看报纸的猫

问：我每天早晨的例行公事就是，坐在沙发上，一边呷着咖啡一边看当天的报纸。但自从我收养了一只非常爱玩的日本短尾猫基斯摩之后，我便极少能有机会在他跳上来并踏上报纸之前将头版中的一些标题新闻看完了。有几次他在跳上来时还吓了我一跳，以至于把咖啡洒了一地。为什么他要这样做？

答：猫咪当然不会读报了，但他们通常都很有好奇心，像基斯摩这种日本短尾猫就属于一种比较活泼、爱玩的品种。他其实对于你正在做的事情很感兴趣，而且还要想方设法引起你的注意。所以，当他打算凑上前仔细看一看时，他就跳了上来——基本上是这样的。

可以试试这个方法：从报纸中找出几张你不读的——比如说广告，将这几张报纸放在身旁的地板上，像个帐篷似的支起来，轻敲报纸的两边以吸引猫咪的注意力，再把一个猫咪很喜欢的玩具或是一小片零食放在报纸下面。然后就可以鼓励他在这些属于他的报纸上跳起、猛扑、蹲下，而将属于你的报纸——头版、体育专栏以及系列漫画部分留给自己。

你也可以用不想要的几张报纸为猫咪做一个魔术飞毯，先将报纸放在没有铺地毯的门厅处，鼓励猫咪跳到报纸上来，然后顺着大厅滑出去。我发现，比较光滑的广告纸的效果要远好于其他的新闻纸。

从流浪猫到明星猫

虎鲸（也就是杀人鲸）可能是海洋世界里绝对的主角，但是众多天资聪颖的猫咪却用自己的技艺在主题公园引起了轰动。曾经的流浪动物、现在的滑稽表演明星都出现在了《宠物规则》的演员阵容中，其中的主要角色还包括狗狗、鸟儿以及一只超级自信、大腹便便的猪。

其中的猫咪演员会从 10 英尺①高
的塔上跳到一位训导员的肩
膀上，这只猫咪的表演充分
证明了猫咪同狗狗和鲸鱼一
样拥有出色的表演才能。

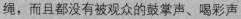

在演出过程中，猫咪和
狗狗从不同的入口处冲上舞
台——他们全部都没有戴牵引
绳，而且都没有被观众的鼓掌声、喝彩声
分散注意力。猫咪们在钢丝上行走，穿越通道，而且还能在一位大踏
步行进的训导员两腿间穿行。在一个表演场景中，三只黑猫跳进舞台
上一个巨大的奶瓶中，之后有三只白猫跳了出来。

著名的动物训练师乔·斯莱文告诉我，世界上再没有什么事情
能够比将一只收容站里害羞且从未经过训练的猫咪培养成为一位自
信、快乐的动物演员更令他开心、满意的了。斯莱文会有目的地选择
那些因为一些不良行为——诸如爬窗帘、跳上厨房工作台以及跳到搁
架顶部等——而被主人遗弃的猫咪。

斯莱文发现，大多数训练有素的猫咪能够长时间集中注意力，性
格热情开朗，而且在面对喂食、表扬以及为他们梳理毛发等激励行为
时，他们总能表现得干劲十足。他会仔细观察每一只猫咪的个性特点，
然后根据其更为擅长的领域来选择其适合的表演节目。比如，喜欢爬
帘子的猫咪，就可以训练他们爬绳子；而总喜欢在你腿边蹭来蹭去的
猫咪，则可以训练他们如何熟练地在两腿间穿梭而行。

斯莱文说，耐心和积极乐观的态度是在训练猫咪过程中取得成功
的两个关键因素。他仔细研究每一项技巧，总结主要的训练手法，并
借助表扬和食物来鼓励猫咪们的训练。

---

① 1 英尺 =0.3048 米。

很多很多的脚趾头

数一数猫咪的前爪共有几个脚趾头——总共应该是 5 个。现在再数数后爪——应该能数到 4 个吧。但是有些猫咪——很是令人惊奇的——每只爪子上竟然有 7 个脚趾头。长出多余的或畸形的脚趾头，是一种先天畸形，但并不会影响健康。所有猫种中都有可能出现有多余脚趾的猫咪，但是 CFA 并不为这些爪部畸形的猫咪注册，也不允许其参加猫展大赛。

传说 17 世纪时，水手们将畸形猫咪视为好运的象征，因为多出的脚趾有助于他们成为更好的猎手，并能在气候恶劣的情况下更好地掌握平衡。

到访过近现代著名作家（同时也是一位爱猫人士）欧内斯特·海明威家中的人士，不仅会惊叹于他的创作才能，还会目睹他家里数量众多的有着畸形爪子的猫咪漫不经心地踱来踱去。他的家中有大约 60 只这样的猫咪，而他们可以按照他订立的遗嘱中的相关条款被很好地照顾，这也解释了为什么这些畸形猫咪有时会被昵称为"海明威猫咪"。这些猫咪的热爱者称呼他们为"拇指猫咪"或者"露指手套猫咪"。

The Cat
Behavior Answer Book

第四部分
猫砂盆课程

作为《猫薄荷》的编辑，我每周都会被众多读者的问题所包围，这些读者大多是因为猫咪古怪的如厕行为而感到迷惑不解或惊慌失措。猫咪的如厕行为对猫咪主人来说是件严肃的事情，而对于数量众多的猫咪来说，这更不啻为生死攸关的事情。猫咪们被赶出家门或是被主人遗弃在救助站，其最主要的原因就是极不正确的排便习惯。

这一点可以理解——猫咪主人没完没了地打扫地毯上、地板上甚至是床上的污物，他们对此简直厌烦透了。夫妻二人中总会有一方坚持不住，向对方下最后通牒，要么让猫咪学会使用猫砂盆，要么让猫咪从家里彻底消失。

对于猫咪为何会绕过猫砂盆而去别处排便这一问题，目前有很多种说法。而其中较为真实可信的一种说法是，猫咪自身出现了健康问题，也有可能是因为正常的生活规律发生改变而使猫咪产生焦虑情绪，或是不喜欢自己现在的猫砂盆。不管是哪种情况，你的猫咪都在表达一种态度：事情有些不对劲。所以，你现在应该做的是像一名侦探一样顺藤摸瓜找出真正的原因。

在这部分内容中，我将和读者们分享一些实例场景并予以解释，希望这些问题的答案能够帮助你和你的猫咪，让你们能够快乐而又无忧无虑地生活在这个总是洋溢着春日迷人气息的家庭里。

训练使用猫砂盆

问：我们打算不久后就收养这个家里的第一只小猫。我觉得，小猫们都能够出于本能从第一天起就知道如何使用猫砂盆，但我一些家里有小猫的朋友却说，凡事总有例外。请问，如果我们带回家的小猫需要学会如何使用猫砂盆，用哪种方法训练她最好呢？

答：我敢打赌，你从未想过，自己的技能列表中有一天会额外出现一项"猫砂盆指导老师"。这项工作可能并不会如脑外科医生或是世上最好的妈妈那般吸引眼球，但是对于你家的小猫来说，不起眼的猫砂盆使用指导对于她在今后一生中养成良好的如厕习惯是大有帮助的。

真的，大多数的小猫喜欢用垃圾之类的东西掩埋自己的排泄物，而成年猫则习惯于用猫薄荷。猫咪们都会本能地掩埋自己的粪便以及尿液，这样一种行为可以回溯到数千年前，当时的野猫必须要避免被潜在的天敌发现其踪迹。这也是为什么生活在户外的猫咪会选择在花园或者沙坑里排便，这也会令花匠还有花园主人们恼怒不已。

大多数的小猫都是在大约 4 周大时从自己妈妈那里学会有关猫砂盆的基本知识的。这对于小猫来说是一个观察、学习以及实践的过程，他们会尝试着模仿妈妈的正确行为。而那些自小就成为孤儿或者还在哺乳期就被抱离妈妈身边的小猫，则可能对于如何正确使用猫砂盆一无所知，他们也能学会，但学习的过程相对要漫长得多。

猫咪为何会失去他们的家

全美宠物状况研究和政策委员会提供了一项旨在研究猫咪为何会被遗弃至动物救助站的综合分析报告。分析人员在仔细查阅了猫咪各种行为之后，得出的结论为，不在猫砂盆里排便是其中最主要的原因，大约占到总数的 43.2%。该委员会的报告列出了以下几种造成猫咪被遗弃至救助站的最主要的原因。

■ 主人们的生活方式（家里的猫咪太多，有过敏反应，个人问题）

■ 居住问题（搬家，房东的反对，家中设施无法满足养猫要求）

■ 猫咪行为上的问题（不在猫砂盆里排便，和其他宠物之间有矛盾）

这里有几个小窍门，可以帮助你家的小猫能够顺利通过使用猫砂盆的考试，未来的生活也因此而有了一个良好的开端。

■ 买一个外沿较低的猫砂盆（最好不要高于 3 英寸），这样四肢还未完全长开的小猫也能够轻松地爬进爬出了。而那种更大一些、外沿在 4 英寸以上的或是有盖的猫砂盆，对有些小猫来说其压迫感过强。

■ 将猫砂盆放在你的房间里，这样小猫咪就能很容易地跑来如厕，而不要放在像厨房这种嘈杂、人来人往较频繁的区域。决不要将猫砂盆和猫咪的饭碗、水碗放在一起。猫咪是非常注意清洁的动物，他们非常厌恶看到自己的食物被摆放在如厕地点附近这样的情况。如果你家是复式结构，可以在每一层都放上一个猫砂盆。

■ 你把小猫带回家之后，就要先陪她到猫砂盆处（盆里填上大约 5 厘米深的猫砂），然后把她放进盆里。轻轻握着她的前爪在猫砂里穿行几下，让她感受一下猫砂的质地，再用你的食指将干净的猫砂翻上来，让她去仔细查看猫砂盆然后再自己跳出来。

■ 在她刚到这个家的最初几天里，在她第一次醒来、进食之后、做完游戏之后以及打一个小盹之后，都要把她放到猫砂盆里。

■ 把她放进猫砂盆之后，就要安静地退后，让她自己待在那儿。和那些喜欢听着主人用开心的语调唱着"多好的便盆啊"的小狗狗不同，大多数猫咪更愿意在私密环境下解决问题，并不愿意他们在完成了自己的任务之后你弄出声响或是为他们喝彩。所以，对你的小猫一定要有克制力。

■ 一定要确保每天将猫咪的排泄物清理干净，猫砂盆里一定要保持清洁。

在猫咪的便盆使用训练过程中，要注意两点，即"耐心"和"没有惩罚"。因为，你家新来的这个小家伙可能还会需要几个阶段的训练（可能会是几周的时间）才能熟悉猫砂盆。一定要克制住自己，不要训斥猫咪或是冲她喊叫，甚至是用水瓶里的水喷她，因为惩罚通常只会得到事与愿违的效果：小猫很可能会变得非常害怕，会开始回避猫砂盆，开始去找那些令她感到不是那么恐惧的地方排便，比如说你的床底下或是柜橱里。

如果你发现猫咪在使用猫砂盆时出现任何腹泻的症状，或是排便困难，或是听到她发出了叫声，就要马上带她去兽医那里做检查，以便确定是否有诸如尿路感染或是肠道寄生虫等身体方面的原因。祝好运！

成功的秘诀

要养成每天清洁猫砂盆的习惯。每隔两周，就要给盆中全部换上新的猫砂，使用较为柔和的洗涤剂以及温水来刷洗猫砂盆。如果条件允许，将猫砂盆放在太阳底下晾干，可以杀死细菌。如果你用漂白剂给猫砂盆消毒，溶液的浓度要尽量低一些，在晾晒之前要彻底冲洗干净。因为漂白剂的浓烈气味会让猫咪对猫砂盆退避三舍。

我建议你可以多备上一个填好新鲜猫砂的猫砂盆，这样在另一个猫砂盆还未完全晾干时，可以先用这个。多预备几个猫砂盆的好处还在于，在你清洁其中一个盆子的时候，猫咪会有其他地方可去。

让人眼花缭乱的猫砂

问： 帮帮我啊！我已经被商店里各式各样的猫砂搞得头昏眼花了。猫砂有泥土的、有玉米的，甚至还有报纸的，有普通型、结团型，还有些是可以直接倒进马桶冲走的。有些猫砂有味道，还有些猫砂是无味的。猫砂的价格比较贵，到底买哪种猫砂最好呢？

答： 你说的没错。猫砂是不便宜，而且还不轻呢。由于我每次都要给家里的三只猫咪买猫砂，所以几乎每次我都是拖着一大袋子的猫砂回到家，我的胳膊也总是累得肌肉酸痛。

现在卖猫砂已经发展到和卖咖啡一样的商业运作模式了。还记得过去你在买咖啡时的选择吗？是要黑咖啡还是要加奶和糖？而现在呢，忘记过去的点咖啡模式吧——来一小杯咖啡，我们需要知道各种有关咖啡的词汇，比如美式咖啡、拿铁咖啡以及意式浓缩咖啡。

猫砂大约是 50 多年前最先出现在商店货架上的。猫砂的发明者是一个名叫爱德华·楼伊的年轻人，他当时是在自己父亲的工业用吸收剂公司工作。有一天，一个朋友向他抱怨，她家猫咪在放上土和灰的盆子里拉完便便后，盆子总是弄得又臭又脏。于是，楼伊建议她在盆子里撒上一些他们公司的吸收剂原料来消除掉原来令人窒息的气味。瞧瞧，猫砂就这么诞生了。

现在市面上有一连串的猫砂名字和种类。绝大多数品牌的厂商都宣称自己的产品可以有效控制气味，但这种说法其实是值得商榷的。结团类的猫砂是最常见的选择，因为容易形成土块，也易于清理。但是，猫砂中的灰尘却会给人和猫咪的呼吸道造成危害。

提倡环保理念的公司推出了由松枝和谷物制成的猫砂，吸收效果很好而且可以进行生物降解。谷物中含有一种天然酶，可以使猫咪尿液中氨的浓烈气味相对得到淡化。新一代的猫砂产品中还有可循环纸张、可被马桶直接冲走的绿茶叶子、硅晶石以及硅胶。有些猫砂中还加入了一些其他成分，诸如碳酸氢钠（小苏打）、香料或是可以用来除掉异味的柑橘类水果等。

为了帮助你缩小选择范围，请牢记一点，猫咪的鼻子要比我们人类至少灵敏100倍。另外，猫咪是非常不喜欢柑橘类水果以及一些香水的气味的。如果你的鼻子只闻到了一点点柑橘类水果味道，那么这些剂量足以令对"气味超级敏感"的猫咪难以忍受，甚至可能产生对猫砂盆的抵触。这个要求也同样适用于那些被固定在墙上或是猫砂盆上的除臭产品。千万不要想着如何用那些除臭产品，相反，可以选择在盆子旁边用一用空气净化装置。

猫砂的尺寸和规格对大多数猫咪来说也是会有影响的。你可以自己试着光脚在路上走一走，你是更愿意在有着细密纹理的土块上走呢，还是愿意在基本上都是大块小石子的坚硬路面上走？你家的猫咪可能就是那样，她更喜欢细密的小土块猫砂；当然，也有可能令你大吃一惊，他竟然是属于那一小部分，喜欢的竟是大块的小石子。

总之，要以猫咪的需求和喜好为最重要的先决条件。你可以买上几小袋不同类型的猫砂，拿出一样放在一个猫砂盆里，再拿出另一样放在第二个盆里，然后看看猫咪会重复光顾哪一种猫砂。有一个信号可以确定地表明猫咪不喜欢某种猫砂：他会在装有这种猫砂的盆子旁边方便。他正在向你表明，他努力要做到行为得体，但是他实在不想和这种猫砂有任何联系。

汤姆的病例

帕特和彼得带着他们那只有8个月大的已经做完绝育手术的猫咪汤姆来到我的办公室，他们告诉我，汤姆总是昏昏沉沉、没精打采的，他对事物提不起兴趣来，而且还开始吃自己的粪便了。

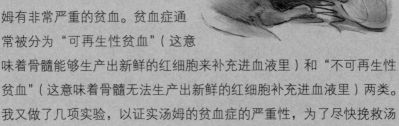

通过给汤姆做了一些身体方面的检查后发现，他的牙龈是白色的。血液测试的结果显示，汤姆有非常严重的贫血。贫血症通常被分为"可再生性贫血"（这意味着骨髓能够生产出新鲜的红细胞来补充进血液里）和"不可再生性贫血"（这意味着骨髓无法生产出新鲜的红细胞补充进血液里）两类。我又做了几项实验，以证实汤姆的贫血症的严重性，为了尽快挽救汤姆的生命，决定先为他进行输血。

过了几天之后，汤姆的血液测试报告显示，他患上的是"不可再生性"的贫血症。为了找出致病原因，我得到了他的一份骨髓样本，经过分析后发现，他的体内几乎没有可以用来生成红细胞的细胞。诊断结果是，汤姆患上了单纯红细胞再生障碍性贫血（PRCA），这是一种在8个月到3岁之间的猫咪中很罕见的疾病。致命病因是汤姆的免疫系统出现紊乱，进而破坏了他的骨髓，给他服用一些效果显著且持续时间长的药物来阻止其免疫系统继续紊乱下去是非常有必要的。

我们为汤姆制订了适合他的药物治疗计划，他非常配合。他的红细胞数量显著增加，在接下来的几周时间里，红细胞数量回到了正常值。我们开始逐渐降低用药量直至减至最低剂量，以控制住他的贫血症状。同时，帕特和彼得又将汤姆平时用的膨润猫砂换成了小麦成分的猫砂，以进一步阻止猫咪再去吃自己的粪便。各种努力看起来都很奏效，汤姆也不再表现得总想要找新鲜的粪便，也变得活泼好动起来了。

但是几周之后，汤姆又旧病复发，他的牙龈重又变得苍白，红细胞数量又开始迅速降低。他的主人告诉我，他们发现汤姆开始舔银器了，这可是他以前从未干过的。幸运的是，汤姆的身体状况对于药物剂量的增加也做出了非常显著的反应。有趣的是，每当汤姆的贫血症状得到缓解，他的舔银器行为也就同时停止了。

Pica，即指主动摄入那些不可食用的物品的行为，这种行为在家猫的所有不正常行为中约占 2.5%。尽管原因仍不得而知，但矿物质不足以及心理障碍是通常会被提及的两个主要因素。汤姆的这种罕见的摄食行为通常是发生在其贫血症状非常严重的时候。当他的贫血症状得到有效控制之后，他的这一古怪行为也得到了解决。这些线索告诉我，汤姆的吃粪便以及舔银器的行为并非简单的一种古怪行为，其背后还有医学上的情况。

本部分内容由 DVM 的阿诺德·普洛特尼克提供。

猫咪绕过猫砂盆而不入的几种最常见的原因

（排序不分先后）

- 猫砂盆太脏了
- 家里的猫砂盆太少了
- 不喜欢猫砂的质地
- 以前熟悉且习惯的猫砂被换成新的了
- 家庭内部重新布置或重新装修了
- 搬到新家了
- 家里来了新的猫咪、狗狗或是人类的新成员
- 主人的作息时间发生了变化
- 感觉到有来自外面猫咪的威胁
- 出现了诸如尿路感染之类的健康问题
- 在进出猫砂盆时，身体上感觉不舒服

盖上盖子

问：我们家有两只猫咪，分别是 4 岁和 5 岁。我们正准备搬去一个

新地方，我想借此机会给猫咪们换上新的猫砂盆。我们之前一直用的都是不带盖的开放式砂盆，我打算改用有盖的那种。我家的猫咪在使用猫砂盆的过程中从未出现过什么问题，请问，他们会习惯使用有盖的猫厕所吗？

答: 和猫砂一样，猫砂盆也有各式各样、风格各异的设计。除了那种最常见的浅浅的开口型砂盆之外，现在还有有盖型的、可自动清洁型的、圆形的以及能够摆进角落里的猫厕所。如果是从居家装饰的角度考虑，甚至还推出了一种可以塞进家具里、不会被人们看见的猫厕所。还有些猫砂盆甚至还配有门，这样猫咪通过学习就可以自由进出自己的猫砂盆了。

既然你家的两只猫咪在使用不带盖的砂盆时一直都没有什么问题，那么我的建议是，目前还继续让他们用以前已经习惯了的砂盆，但可以增加一个带盖的猫厕所作为试验用。有些猫咪在使用有盖的猫厕所时会感觉更安全，这是因为这种盒子给猫咪更多的私密空间。对于那些拉完便便后总喜欢急急忙忙地抬起后腿刨猫砂盖住排泄物的猫咪来说，猫厕所能够保有更多的猫砂，所以更为合适。另外，猫厕所也可以令那些总想对猫砂盆发起"突然袭击"的狗狗放弃这样的打算。

但是猫厕所会留存有异味。你必须随时留意，每天将猫咪的排泄物清理干净，每周要用温水以及稀释过的去污剂将猫厕所冲洗干净，然后放在阳光下晒干。猫厕所可能会让体型稍大的猫咪在进去"就位"时

感觉有些狭窄，需要他们蹲伏下来，这样才不会磕到砂盆外沿或是撞到他们的头。

你是愿意每天去清扫、检查？还是更愿意增加一个猫厕所，让猫咪自己来选择？你会发现，随着时间的推移，你还是可以用猫厕所将原来的旧砂盆全部替换掉的。

猫砂盆的位置，位置，位置

问：我们家是复式结构，有两间卧室和三间卫生间，同时还有一个可全封闭的阳台。我们家里有两只猫，分别为 14 岁和 7 岁。我想把猫砂盆放在主卫生间里，这样我清洗起来也很方便，但我丈夫坚持认为猫砂盆应该放在地下室。请问，猫砂盆到底应该放在哪里才最好呢？

答：注意猫砂盆的数量（是复数而不是单数）。兽医和动物行为学家都建议，猫咪与猫砂盆之间的合理配备应该是，一只猫咪用一个猫砂盆，然后再多出一个猫砂盆做备份。你家的情况是，这一数字是三个。给猫咪更多的选择，他们也就更有可能固定地使用某一个猫砂盆而不是去起居室的角落里便便。这样，如果其中一只猫咪"霸占"了一个猫砂盆，另一只猫咪仍然有地方去"解决问题"。

另一个重要原则是，要在你家里各层都摆上一个猫砂盆。你要确保家里的猫砂盆对于猫咪来说可以进出方便，这样他们才会逐渐习惯使用猫砂盆。那只岁数更大一些的猫咪在上下楼时可能会有些困难，所以，他需要有——而且也理应拥有——一间无论在哪层都可以很方便进出的猫咪卫生间。

至于具体的摆放地点，你可以站在猫咪的角度考虑一下。在猫咪看来，如果说到猫砂盆，无非就是位置、位置、还是位置。猫咪习惯自己的猫砂盆被摆放在一个安静的地方，这样能够让他们拥有更为私密的空间。在你家里，就应该算是那片全封闭阳台的一个小角落，还有你提到的主卫生间。千万不要把猫砂盆放在洗衣房或是又黑又潮的地下室里。没错，那里的确是在你们的视线之外，但也被排除在了你们的关切之外，你们的猫咪会认为这些地方又吵又可怕。另外，猫咪们的如厕过程越麻烦，你就越有可能会陷入每天都要清除居室中的猫粪的尴尬怪圈中。

决不要将猫砂盆放在猫咪的饭碗和水碗附近。很多猫咪主人认为将这三样放在一起能够提醒猫咪在吃完饭之后记得去如厕，这绝对是一种常识性的错误。这样一来反而更有可能激起猫咪对于猫砂盆的抵触情绪，因为猫咪并不喜欢在他们吃饭喝水的地方"方便"。

最后，把猫砂盆安排在合适的位置，这样猫咪们就会有一个自己熟悉的进出路线。这一点很重要，特别是能够防止一只猫咪在使用猫砂盆的同时被另一只猫咪或是到处参观的狗狗或客人惊吓或是纠缠不休。一定要带着猫咪把每一个猫砂盆的位置都熟悉一遍，这样他们就能知道自己如厕时的选择应该是在哪里。

另外再附送一个小贴士：如果你的家里还有狗狗，特别是那些爱猫着腰鬼鬼祟祟地溜到猫砂盆里找"零嘴"吃的狗狗，你可以在门口和放着猫砂盆的房间之间摆上一道玩具门。我自己家里用的就是一道带有竖向栅栏的、大约有 6 英尺高的玩具门。我的猫咪可以选择从门上面跳过去或是从门下面钻过去，这道玩具门刚好能将我家那只 60 磅重的大狗狗基帕挡在门外，而无法再给猫咪来个"突然袭击"。如果是足够聪明的狗狗可能会顺着横向栅栏爬上去翻过玩具门，所以说，竖向栅栏的效果要好于横向栅栏。

从头开始

猫咪不用猫砂盆的一个最常见原因就是身体或健康状况出现了问题，比如尿路或膀胱感染、受伤以及出现肠道寄生虫——致病原因多种多样。如果猫咪在排尿或排便时感觉非常痛苦，他就会将这种痛苦和猫砂盆本身联系在一起，会去别处找一个让他感觉会更舒服些的地方排便。一旦猫咪在排便过程中表现出任何异常状况，猫咪主人首先要做的就是马上和兽医取得联系，为猫咪做一个全身体检，以排查出是否有任何身体健康方面的问题。请谨记这条建议：如果你的猫咪已经超过两天无法正常排便，请务必尽快联系兽医。这对于猫咪来说是威胁生命的紧急状况，因为猫咪一旦出现两天以上未排便的情况，他有可能会死于急性肾功能衰竭。

新房子、新问题

问：我有一只名叫温斯顿的 3 岁大、已做过绝育手术的美国短毛猫。我丈夫和我最近从原来的只有两间卧室的小公寓搬到了一幢拥有四间卧室的独栋别墅。我注意到温斯顿没有在他自己的猫砂盘里排尿，于是我开始四处寻找，最终发现温斯顿已经将小便尿在了空房间里一个还未拆封的盒子上。我们把一个床垫子放到地下室，这样在我们的沙发椅到货之前我们可以有东西坐，而温斯顿居然又尿在了这上面。可问题是，我们的新沙发椅就要运到家了。我们怎么才能确定，他不会在新沙发椅上尿尿？

答：在伴侣动物的世界里，猫咪的行为就像是佐罗。他们喜欢在家中各处自认为是属于他们的地盘上留下记号。多数情况下，猫咪会将自己脚垫、脸颊、尾巴上的气味腺体通过摩擦留在家中各处。但有时猫咪们也会通过留下小便来宣示"主权"，或者和住在家里的以及后门外面的

其他猫咪进行联络。

住在家里的猫咪会和户外的猫咪一样，小心谨慎地保护自己的地盘。家庭象征着一处既安全又舒适的场所，同时，猫咪更愿意有固定的作息时间并且讨厌改变。所以，如果一只刚搬进新家的猫咪通过"忘记"之前的排

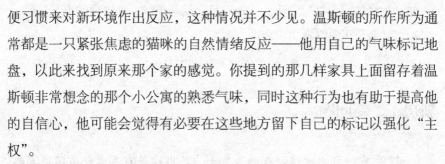

便习惯来对新环境作出反应，这种情况并不少见。温斯顿的所作所为通常都是一只紧张焦虑的猫咪的自然情绪反应——他用自己的气味标记地盘，以此来找到原来那个家的感觉。你提到的那几样家具上面留存着温斯顿非常想念的那个小公寓的熟悉气味，同时这种行为也有助于提高他的自信心，他可能会觉得有必要在这些地方留下自己的标记以强化"主权"。

兽医方面的研究成果证实，这种利用自己的小便来做标记的行为背后有这样几种常见的原因：与外面的其他猫咪进行交流；与家里的其他猫咪进行交流；被主人限制只能待在家里，不得外出；随主人搬到新家；主人的日常作息习惯发生改变。

尽管无论公猫母猫都会利用小便来做标记，但通常未做过绝育手术的公猫最有可能这样做，他们利用自己强烈且具有刺激性的小便气味来吸引周围的母猫。还算幸运，你家的温斯顿已经做了绝育手术，所以他的小便气味就没有那么强烈了。

针对温斯顿排便习惯的改变，你还是应该为他做一次体检以排除任何可能存在的健康问题。如果他的身体状况良好，那么下一步计划就是要尽量让温斯顿能够接受你们的新家。

可以先从换上新猫砂盆和新鲜的猫砂开始。记住要每天清洗猫砂盆。你不在家时，不要让温斯顿在新家的各处随便走动，要绝对禁止他进入地下室。不要对温斯顿进行打骂，这样做只会令他更加紧张、更加对立，也极有可能令他更加频繁地利用小便来做标记。当他在自己的新地盘上开始变得轻松自如之后，你可以逐渐放松对他的限制，可以慢慢允许他进入家中其他的地方。

猫咪的尿液中含有一种可以了解这只猫咪健康状况以及脾气秉性的信息素。这是一种被称为费洛蒙（Feliway）的物质，其被证明在类似于利用尿液做标记的相关行为时还是很有效的。费洛蒙是猫咪脸部信息素的化学产品名称。猫咪在确认已经将脸部信息素留在某些自认为是属于自己的地盘上时，就不会再将尿液标记在这些地方，此时费洛蒙就会发挥作用。

在某些极端情况下，喜欢用尿液做标记的猫咪可能需要服用一段时间的镇静药物。有研究表明，这些镇静药物可以有效减少多达 75% 的猫咪尿液标记行为。我强烈建议你和兽医能够加强沟通，给温斯顿开一些这类药物，使他能够逐渐改掉这种行为。

我们很幸运，比起十年前，今天的我们能够拥有更多的有效"武器"来对付猫咪的尿液标记行为，但是这仍然有赖于猫咪主人的耐心、恒心，还要严格听从兽医或动物行为学家的建议，上述要素缺一不可，才能确保成功。

是在喷射还是在做标记？

这两个词基本上可以交换使用。它们之间唯一的区别就是身体的位置，以及排出尿液量的大小。

喷射通常发生在猫咪抬起身体后部抵在竖直墙面上，边站立着边将尿液喷出来的情况中。无论公猫母猫都会喷射尿液，但这种行为在未做绝育手术的公猫身上要普遍得多，公猫们将喷射尿液视为一种向母猫求爱的公告，而对其他公猫则是一种威胁性警告。

做标记则发生在一只猫咪蹲伏下来，在一处水平面上（比如床上）排尿的情况中。这种行为一般是缘于情绪紧张以及对某些情况忧虑不安（比如说看到他们热爱的主人正在收拾行李箱）。

无论是喷射还是做标记都应被当做是行为问题来加以区分。但是请谨记：有些猫咪其实就是不想使用猫砂盆，因为他们不喜欢猫砂盆摆放的位置，或是讨厌这种猫砂（特别是那种有柑橘类水果味的猫砂），又或者是健康方面出现问题使得猫咪无法正常使用猫砂盆。

躲避猫砂盆的猫咪

库库阿是一只 8 岁大的暹罗猫，按她主人的描述，她是一只好脾气的、总能轻松自如地周旋在家里客人周围的猫咪。贝蒂告诉我，在库库阿大约 1 岁的时候，她从动物保护协会收养了她。贝蒂非常喜欢她总是发出的"呼噜呼噜"声，以及她依偎在自己怀里的感觉，但是，自从最近库库阿开始在她的猫砂盆外面排便，甚至还将便便排在家里的地毯上之后，贝蒂就变得非常沮丧，同时也感到非常困惑不解。这些情况一周内已经出现了好几次。

为库库阿做的身体检查排除了健康原因导致她出现这种排便行为发生改变的可能，库库阿的身体很健康。我向贝蒂解释道，有些猫咪在猫砂盆外面排便其实是一种标记自己领地的方式。在库库阿的情况中，考虑到库库阿轻松自如的心态，所以最有可能的原因是她对于地面材料的偏爱（地毯对比于猫砂盆），而非其领地意识受到刺激。

所以，我们制订的计划是，先请贝蒂用一种细菌清洁剂或是含酶的气味中和清洁剂将弄脏的地方清洗干净，以彻底清除粪便的气味，这对于猫咪来说是一个强有力的刺激能够让她回到原来的猫砂盆。然后，我建议贝蒂随时将报纸放在库库阿排便的地方，这样做的目的是要找出最合适的摆放猫砂盆的位置。

贝蒂承认，有一次她看到库库阿随处排便的行为后，曾经抓住她并大声斥责了她，库库阿最后夺路而逃。我解释道，斥责库库阿并不能制止她这种不当的行为，事实上反而可能会刺激库库阿在贝蒂看不到时继续自己的这种错误行为。

为制止这种恶性循环，我让贝蒂将库库阿放在一个没有地毯、但有一个新猫砂盆的房间里待上几天。这个房间里放上了猫咪喜爱的所有设施，包括玩具、猫爬架，还有可以看得到外面风景的窗台、食物、水以及温暖的猫窝。我建议贝蒂不要再使用以前的那种有盖子的猫厕所，代之以没有盖的开放型猫砂盆，因为有些猫咪虽然不介意在有盖的厕所里小便，但却很不情愿在这种封闭空间内大便。

因为贝蒂的家很大，我还强烈建议她再多摆一个猫砂盆，在盒里填满无味的猫砂，而不要再使用她目前用的这种有味道的猫砂。我告诉她，猫砂的厚度应保持在5~10厘米之间，而且每天都要进行清理。最后，我让她在铺地毯的区域的上部放一层硬纸板，再在上面贴上一层双面胶，这样一来，这些地毯对库库阿而言就不那么有吸引力了。贝蒂还在地毯上喷了一些有柑橘类水果味的喷雾剂，这就制止了库库阿，令她无法再来地毯这里逡巡了。

有了新猫砂、不带盖的猫砂盆，还有黏糊糊、有柑橘水果味的地毯，库库阿应该就能一直去她自己的猫砂盆里"解决问题"了。

本部分内容由注册动物行为学家爱丽丝·穆恩—法尼利提供

猫咪在我的床上撒尿

问：我开玩笑地将我的猫咪本尼（本尼是一只3岁大、已做过绝育手术的猫咪）比作我的尼龙搭扣。因为只要我在家，他总是跟在我屁股后面满屋窜。他每晚都会和我一起睡在床上，经常是我还没上床，他就已经在床上安然就寝了。一切都如常，直到我刚刚收养了一只小狗格瑞西，情况就变了。格瑞西只有大约8个月大，非常甜美可爱。晚上当格瑞西也想睡到床上时，本尼冲着格瑞西发出充满敌意的"哈哈"声，很明显他不喜欢她。有几次，本尼竟然在我的床上撒尿。请问，我该怎么做才能让本尼接受格瑞西？

答：一些极易兴奋或是家中独处、没有其他动物陪伴的猫咪就会非常喜欢黏在他们主人的身边。这里借用莎士比亚的一句名言，"要当心猫的嫉妒心——那是绿眼睛的恶魔。"本尼可不会让一只微不足道的"小狗狗"占上风，来挑战自己在这个家中头猫的地位。所以，你家的"嘘嘘小王子"绝不会与格瑞西进行对话，而是用他自认为最好的方式教育格瑞西，即用自己的小便标明了这个存在争议的领地其实是属于自己的。

我的建议是，把格瑞西放到她自己的床上，当然她的床是在你的房间里。晚上可以在她的床上放点吃的，安慰她以使她能够平静入睡。你可以将这个小手段当作是留在豪华酒店套房里枕头上的薄荷糖的狗狗版本。你需要强化格瑞西头脑中对于睡眠地点的安排，这样一旦格瑞西跳上你的床，你就可以平静地对她说"下去"，带着她回到她自己的床上，如果她乖乖地躺好，就给她一些小奖励。其实，格瑞西对于能够和你以及她的室友本尼睡在同一间房里应该会感到很满足的。

当你回到家，可以先和本尼打招呼，先喂他吃东西然后再喂格瑞西，以此来巩固本尼在家中的地位。本尼对于这一切绝对是"看在眼里记在心里"，同时他也会注意到，格瑞西在这个家里的地位是第三名。时间会成为你的帮手，当本尼看到这个"可爱的小狗崽"虽然还没有离开这里，但是他自己才是具有统治地位的"领头猫"，本尼会变得更加自信，也就不再会通过撒尿来做标记了。

另外，我给你提个建议，当你外出或者在你确定本尼已经在你的床上睡下之前，一定要把卧室的门关好。为了把本尼留在你床上的尿液气味清除干净，必须用一种含酶蛋白的清洁剂将床上的被褥彻底清洗干净，这种清洁剂在宠物用品商店或者是兽医那里都可以买到。

深陷大便的困境

问：我们收养了一只 12 周大但却十分健康的小奶猫。一开始，如果我们外出或是晚上睡觉时，会把他放在卫生间里。他会在猫砂盆里小便，但却把大便排在了浴盆里。现在，他已经长大一些了，在这个家里已经行动自如了。我们为了保持猫砂盆的清洁，每天都会清理猫砂，但他却依然会将大便拉在猫砂盆旁边的地砖上。我已经厌倦了不停地清理他的大便，我该怎么做才能让他习惯用猫砂盆呢？

答：唯一一个可取之处就是你家的小猫更愿意选择在容易清洗的地砖上而不是地毯或者家具上拉便便。小猫已经习惯了将便便拉在光滑的浴盆里，所以他才去找一个自己相对更为熟悉的地面。你家的猫咪虽然还很小但却非常聪明，他在设法告诉你，无论是猫砂盆的形状和大小以及摆放的位置，抑或是猫砂的种类，都无法令他在使用过程中感受到轻松快乐。其实在绝大多数情况下，人们都忘记了一个事实：猫砂盆好不好用，必须应由猫咪而不是猫咪主人来做出判断。别忘了：小便所花的时间要少于大便。你的小猫咪可能不喜欢在猫砂盆里待上太长的时间，所以他宁愿选择在猫砂盆外面大便。

或许，就他的喜好而言，你为他选择的猫砂盆可能太小或是太大，猫砂可能太深，你可以再增加一个不带盖、尺寸与之前不同的猫砂盆。

将这个新添置的猫砂盆放在他的"犯罪现场"附近，但是盒子里先不要放上猫砂，相反，让盒子空着或只垫上一层尿垫，形成一层光滑的表面，以引起猫咪的注意。你会发现，他会很喜欢这个很合他心意的新的"猫咪用卫生间"。

至于排便问题，你应该请兽医为你家的小猫咪做一次全身体检，以便可以确定猫咪没有健康方面的问题。有些还未做绝育手术的公猫会利用自己的排泄物来划定自己的地盘，所以如果你还没有为你的小猫咪做绝育手术，最好尽快和兽医预约手术时间。做过手术的猫咪出现这种不当排便行为的概率就会显著降低，同时也能减少他患前列腺癌的风险。

找出肇事者

如果你家里养了两只以上的猫咪，其中有一只拒绝使用猫砂盆排便，那么你如何找出真正的肇事者呢？

如果你家的嫌犯将大便排在猫砂盆外面，可以给其中一只猫咪喂几滴红色或绿色的可食用色素，或者将色素滴在食物里。那么，这只猫咪的粪便会比其他猫咪的更为鲜亮，一眼即可分辨出。如果你家有两只以上的猫咪，那么可以等上几天，再测试另一只猫咪，或者可以分别喂给几只猫咪不同颜色的食用色素，这应该会更有效！

如果问题是在猫砂盆外小便，你可以向兽医要一点被称为荧光素的眼科染色剂，你可以让猫咪口服下去，别担心——它绝对不会伤害到猫咪。到了晚上，你在屋子四周点上紫光灯，猫咪小便的地方就会出现闪亮的荧光色。

一旦你确定了是哪只猫咪没有使用猫砂盆，就和兽医取得联系，为猫咪做一次全身体检，以便排查有什么健康原因才会导致猫咪没有使用猫砂盆。当然，预约兽医的工作必须在你实施上述策略行动之前就要做好。

猫砂盆里的哀嚎声

问：我的猫咪比利，自他还是一只小奶猫时就开始用猫砂盆方便了。9年来一直如此，而他也一直是生活在室内的。我们家的日常生活起居无任何改变，家里最近也没有住过客人，没有添置新家具，他的饮食上也没有任何变化。但是最近我注意到，比利开始频繁地跑进猫砂盆，但每次都只是尿了一点点而已。有时他还会蹲下身做大便状但是却什么也没有排出来，而且他还会发出哀嚎声，好像感觉很疼。他到底怎么了？

答：如果一直有着良好排便习惯的猫咪突然开始回避使用猫砂盆，而日常生活规律也没有任何改变，原因通常就是身体健康方面的，而非行为本身了。所以请立即带比利去做一次体检，他可能患上了猫咪下泌尿道疾病（FLUTD）。他正在表现出一些典型症状：频繁地去方便，但每次小便的量又非常少，有疼痛感。

以比利的年龄来判断，他可能会有患上肾病、糖尿病（特别是如果他还超重的话）、甲状腺功能亢进或是肝病的风险。这些严重的疾病都会使猫咪在排便（无论大便还是小便）时感觉疼痛。除此以外，关节炎、肛门囊肿以及失明都可能会使他在进出猫砂盆时感觉十分困难。针对这些疾病，进行有效治疗就可以解决猫咪的上述不正常的排便行为。另外，你也可以考虑再给猫咪增加几个猫砂盆（要选择那种外沿更低一些的），并将它们摆放在比利最常去的一些地方。上述措施可能会对比利的排便行为重新恢复正常有所帮助。

马桶使用训练技巧

问：我爱我的猫咪比卡，但却不喜欢她的猫砂盆。我讨厌猫砂盆的

气味和里面的一片狼藉，我更讨厌去清理猫砂盆。我住在一套拥有两间洗手间的公寓里，所以我有两个马桶。我最近开始要在家工作，我不想每天都要整理猫砂盆或是每周清洗猫砂盆一次，我当然更不想在我这小小的公寓里，就坐在猫砂盆旁边工作。我以前读到过有关会使用马桶的猫咪的文章。比卡是一只非常聪明、友善的猫咪，我想我可以教会她使用马桶。请问您有什么建议吗？

答：训练一只猫咪去使用马桶并不适用于所有人——也并不适用于所有猫咪，但是它仍然要比你想象的还容易一些。有些猫咪可能只需花上三周时间就能学会如何使用马桶，但绝大多数猫咪则需要几个月的时间。最初的训练有可能会是一团糟，所以你必须确保无论是给比卡、你还是客人用的卫生间都能够保持清洁。

自信且又有支配欲的猫咪会是这项训练中最好的学员，因为他们总会刻意地将自己的排泄物暴露在猫砂盆里而不加掩饰。具备这些性格的猫咪更为外向因而也更愿意去学，但马桶使用训练对于那些害羞、顺从的猫咪来说就颇具挑战性了。总的说来，这些害羞且顺从的猫咪更愿意将他们的排泄物掩藏起来以尽量避免留下任何痕迹或是气味，而且他们不会接受生活规律上出现任何改变。

其次，你认为猫咪主人需要具有哪些方面的特质，才能够成为一个合格的马桶使用训练老师呢？其实，只有那些真正热爱自己猫咪的主人才最有可能获得这次训练的成功，因为他们有充足的动力以及足够的耐心。而那些因为不愿意清理猫——

砂盆或是想省下买猫砂钱的猫咪主人也能拥有最为充足的动力，这听起来倒很像你。

如果你有一间卫生间专门用来训练猫咪，而另外还有一间供你和家里的客人使用，那么这项训练方法会最见成效。你要把第二间卫生间的门随时关好，这样猫咪就不能进到只有你和客人才能使用的卫生间里去，但是要将第一间卫生间的门随时打开。

在开始训练之前，要将下列物品找齐放在一起：可倒进马桶冲走的猫砂、胶带、塑料的猫砂盘衬垫、厨房用的塑料保鲜膜、猫砂盆、报纸以及一个铝制托盘（长30厘米×宽25厘米×深7厘米左右）。将上述物品都摆在手边放好后，就可以按照下面的步骤来训练猫咪如何使用马桶了。

1. 在房间的门上贴上一张写有"正在训练自家猫咪"的告示，再在马桶上放在一张写有"请随时将盖子打开"的告示。

2. 将放在卫生间里的猫砂盆摆在一摞大约3英寸厚的报纸上，放上5~7天。如果这期间猫咪使用这个猫砂盆，你就可以断断续续地奖励她一些食物。

3. 每隔几天，就把猫砂盆下面的报纸再增高3~5英寸，直到猫砂盆的高度差不多和马桶座持平为止。你的猫咪就有可能会走到马桶座上去，那么就赶快表扬她的举动。

4. 将猫砂盆放在合上的马桶盖子上，就这样放上几天，以使猫咪开始习惯待在马桶上面。

5. 将原来的猫砂盆换成事先准备好的铝制托盘，托盘里填好大约7厘米厚的猫砂，然后把盘子放在马桶里，盘子四周用胶带固定好，以确保猫咪在上面能够安全。将盘子上面的马桶座圈放好（盖子不要盖上），持续一周时间。

6. 用一把螺丝刀在铝盘底部中心位置钻一个硬币大小的孔，往盘子上撒一点点可冲走的猫砂，这样不至于阻塞你的马桶。每天都将这个小孔钻得稍大一些，两周之后，就可以将盘子的整个底部剪掉。

7. 如果猫咪确实能够使用马桶，就可以将托盘和胶带拿走。记住要将马桶盖的盖子打开，这样猫咪就能在马桶座上站稳了。

重要提示：当猫咪正在马桶上时，千万不要冲水！

　　学习的过程进展可能会比较缓慢，其中应该还会遭遇一些挫折。如果比卡在某个步骤犯了错，那么就回到上一步再练习几天以巩固现有成果。学习的速度可能有些令人沮丧，但这确实是克服困难学习新技巧的唯一办法。为了比卡，你还要必须习惯将卫生间的门总是大开着，马桶盖子要一天 24 小时打开，否则，你就可能面临其他方面的问题。

　　一旦比卡掌握了这个本领，你就可以借机让她展示自己蹲马桶的技巧，以向你的客人们炫耀。同时你也能为并没有因此而改变比卡的排便习惯而感到开心了。顺便提一句，针对猫咪的马桶训练设备确实有，可以在网上的宠物用品商店买到。

偏爱塑料制品带来的困惑

　　问：我曾经读到过的一些文章中提到，猫咪并不喜欢塑料的感觉。于是，为了制止我家的猫咪在沙发上、床上以及铺地毯的地方小便，我在这些地方都铺上了塑料单。猜猜怎样了？她现在开始在塑料单子上方便，甚至都不去猫砂盆了。如果放在厨房地板上的食品袋是空的，她甚至还会到这些食品袋上去方便。她一直都生活在室内，而且已经做过绝育手术了，大约 4 岁大。请问，我该怎么做才能制止她在塑料单子上小便的这种行为？

答：塑料制品通常都可以阻止猫咪在不该方便的地方方便，但是有一点很清楚，你家的猫咪是这一惯例中的例外。有些猫咪宁愿选择在一个较为光滑的表面上而不是一堆猫砂上方便，而且他们还会在主人重新倒入猫砂之前就在刚清洗干净的猫砂盆盆底上方便。这也和每只猫咪的具体情况有关。如果你能够排除她不用猫砂盆不是身体健康方面有问题，那么就试试给她放上一个干净的猫砂盆，盒里面只放很少的猫砂或完全不放。如果对于猫砂盆的正确摆放位置需要了解更为详细的内容，参阅本书第 135 页中"猫砂盆的位置，位置，位置"一段。

在设法让猫砂盆变得更为猫咪所接受的同时，你还要和到处撒尿标记号的猫咪斗智斗勇，让其他设施变得不那么有吸引力。可以考虑在一些目标区域放上铝箔纸，或者更好的选择是，去宠物用品商店买一种被称为"黏爪子"的双面胶类的物品。这种设计独特的产品由板条和大块的单子组成，主要放在那些猫咪不应该进入的区域。猫咪非常讨厌爪子上黏糊糊的感觉，很快就开始尽量回避到这些地方来。你也可以自制一个家用版本的黏爪子：如果你不希望猫咪在这些地方走来走去，就可以用四周贴上双面胶的硬纸板盖在这些地面上。或者，用一块单子或是一块大毛巾，上面喷上一些气味令猫咪讨厌的喷雾（比如"边界"喷雾剂），也是很见效的一种方法。

别担心。你们家的家居装饰只会有些暂时性的变化。绝大多数猫咪会在几周内就学会不在这些地方排便了，这之后，你就能将威慑猫咪的这些物品移走了。

猫砂盆里的攻击

问：我有一只漂亮但却很害羞的波斯猫"公主"，还有一只莽撞的阿比西尼亚猫名叫马克斯。我是先把"公主"买回了家，而在这之后大约一年，我又把当时还是小奶猫的马克斯买回了家。公主现在已经3岁了。在公主尝试着想用猫砂盆之前，他们俩一直都相处得还不错。马克斯似乎很喜欢趁着公主去猫砂盆之际悄悄靠近她，然后再猛地朝她扑过去。猫砂盆放在一间空卧室里壁橱的一角。我冲着马克斯大喊，但却没能制止住他。可怜的公主现在简直已经神经过敏了，她虽然没有在猫砂盆外面留下任何粪便的痕迹，但我担心她可能已经开始在其他地方方便了。请问，您有什么好办法吗？

答：小猫就是小猫，但这种行为仍然是不可接受的。在数只猫咪同居一室的情况下，一只具有支配欲的猫咪总会对着另一只比较害羞的猫咪找碴儿。波斯猫生性就比较安静，很可爱，而且也没有什么挑衅性。而阿比西尼亚猫则刚好相反，性格上更加外向、莽撞。另外，马克斯的岁数更小，也就更为聒噪、吵闹，而公主早已远离了那傻乎乎的童年时光。

对于猫咪来说，如果壁橱角只放了一个猫砂盆，公主在面对马克斯的进攻时就无路可逃。她感到自己身陷困境，你的担心是对的，她可能已经开始找到一处隐秘的地点方便了，可能是沙发椅后面，也可能是其他地方。你首先需要做的是，给家里再增加两个猫砂盆。之所以推荐这个数字，是因为要保证一只猫用一个，第三个作为备用。这样马克斯就不可能同时监视到三个猫砂盆。在如此多的猫砂盆之间选择，马克斯可能也意识不到自己的倾向性，更应该去保护"他"的哪一个猫砂盆。

将新的猫砂盆分别放在不同的房间里，远离墙面放置，要有更开阔的空间，这样公主就能看到整间房间以及房门。这样当她看到马克斯跑过来时也可以有更多一点的时间做准备。

即使你非常想冲着马克斯大喊、去斥责他，但也一定不要那么做，否则，你只会令两只猫咪的紧张情绪和兴奋情绪更加升级。反之，当你看见公主向猫砂盆走去时，你可以和马克斯一起玩或者喂给他一点食物来分散他的注意力。最后，如果你还没有给马克斯做绝育手术，请赶快去做，这样也能使他原本十分跋扈、蛮横的性格收敛一些。

清除异味，消灭污垢

但真是遗憾，有很多家用清洁剂只能暂时性地掩盖住顽固地残留在地毯纤维里或是实木地板上的宠物尿液、呕吐物或是粪便的刺激性气味。的确，不应该让你的家闻起来像是一座动物园，清洁工作获得成功后的甜蜜味道是建立在对那些尿液、呕吐物以及粪便等物质其化学组成有着最基本的了解的基础上的。这些富碳、富氮的复合物多是由有机胺、硫黄、氨类以及硫醇组成，这会很自然地将家中的细菌吸引出来发生作用。在使用完某些家用清洁剂后，这种刺激性气味似乎更加猛烈，这些气味是细菌繁殖过程中产生的易挥发副产品的结果。

用那些含有氨类和醋类的家用清洁剂或是自制溶液来消除宠物遗留下的污垢，只会让难闻的气味更加刺鼻，污垢更加顽固而难于清除。氨类实际上还会吸引猫咪重新回到原来曾经排尿的地方。氨类是尿液的副产品，利用氨来清除污物只会更加巩固异味的残留而无法彻底清除。醋类的最主要作用是杀菌，但通常只能暂时性地抑制环境中细菌的繁殖。

另一种常见的错误就是试图用蒸汽净化器来清洗被弄脏的地毯。

蒸汽净化器对于普通的灰尘，其清除效果很好，但是一些有机类的污垢在热流的烘烤作用下会直接进入地毯的纤维中，进而留下永久性的异味。

对时间的把握是关键因素。你清理新鲜的尿液、呕吐物以及粪便越及时，残留下的异味就会越少。对于大便，其实用纸巾或是塑料袋就很容易清除的，但是对于尿渍则相对更具挑战性。除了将地毯和垫子撤换掉，或是给木地板重刷一遍清漆之外，这里再提供几个小贴士，可以让家里重现甜蜜气味。

充分吸干水分。可以用纸巾、报纸或者旧棉布以最快速度将尿液吸干。要一直用力压住这些材料，直到看不到有黄色印记为止。不停地擦拭只会让尿液越来越深地浸入到地毯里。

中和异味。将一种用于冲洗宠物污渍的酶类清洗剂滴到污渍处。让清洗剂的溶液沿着这些污渍的方向流动，之后再拿纸或棉毛巾来回进行点按。

要有耐心。酶类清洁剂一般至少需要 24 小时才能彻底将污渍清除干净。这里推荐两种品牌的高效酶类清洁剂：Natuve's Miracle 和 Zero Odor。

使用碳酸氢钠（小苏打）。对于一些被猫咪尿液浸湿的被褥或是其他可用洗衣机清洗的材料，可以在洗衣液里加入 500g 左右的碳酸氢钠，放入冷水清洗。碳酸氢钠能够吸附异味并能有效抑制细菌的繁殖。尽量避免使用热水清洗，因为热气会使异味进入到纤维组织中而变得无法清除。

找出以前遗留的污渍点。猫咪以前遗留的污渍，特别是尿渍，可能很难被发现。如果你无法只通过闻一闻，就准确找出某一处污渍，可以在五金商店里买一个紫光灯泡。到了晚上，把屋里的灯都关掉，就用这盏紫光灯来查找地板上遗留的污渍。猫咪以前遗留的污渍会散发出一种黄绿色的荧光。用粉笔或是其他容易擦掉的材料，将这些旧污渍标出来，这样在清洗时就能彻底清洗干净了。

The Cat
Behavior Answer Book

猫咪生来就知道如何整理毛发，这是真的。事实上，如果将猫咪生活中的 24 小时记录下来，你会发现猫咪一旦醒着，就要花上大约 1/3 的时间不停地关照着他们自己的毛发，而你上一次花上这么长的时间为自己的头发搞造型又是什么时候的事呢？

当猫咪没有梳洗打扮或是睡觉——或是正在做着有关梳洗打扮和睡觉的白日梦——时，他们就是在吃东西或是正在琢磨吃东西。而剩下的时间就用来寻找诱人的、可以舒服地蜷缩其中的膝盖和毯子，和玩具老鼠耍上一会儿，当然，偶尔也会去骚扰一下家中的那只傻狗狗来自娱自乐一番。

你会选择收养一只猫咪的原因之一可能就是，猫咪是出了名的既挑剔又讲究卫生的动物。毕竟，你从未听到某人用厌恶的口吻这样表达：他身上的味道和猫一样！即使现实世界中有太多太多肥嘟嘟的、本应该为自己的贪吃行为而脸红的肥猫，但是你应该也从未听说过"肥嘟嘟的脏猫"这个词吧？

在这部分内容中，我将会和读者们分享一些有关猫咪们最喜欢的两项娱乐活动——梳洗打扮和吃吃喝喝——其中的秘密内幕。跟我来吧！

即使摔下来也要若无其事

问： 我知道猫咪都是非常灵巧且平衡能力非常强的。所以，当我的猫咪钱德勒错误估计了窗台的距离，跳下，失足，摔到地上时，我总会笑出声来。当然，窗台到地面的距离并不很高，他也从未因此而受伤。所以，每当上述过程发生，他刚摔到地上之后，又马上起身开始给自己梳理毛发了。钱德勒是一只黑白花的短毛猫，大约有 4 岁了。他的皮毛看起来总是那么光亮、整洁。请问，他为什么能在摔下来之后还能再梳洗打扮呢？

答： 猫咪是一种雍容、高贵的动物。他们经常表现得很贪玩甚至有点傻乎乎，他们也很容易被一些突发状况或是意外事件搞得狼狈不堪。很多猫咪主人都会注意到，他们的猫咪会迅速从上一秒的震惊中缓过神来，马上又开始为自己梳洗打扮。对于猫咪来说，整理自己的毛发简直比健康和干净还要重要。

猫咪们打刚一降生就享受到了整理毛发带来的好处。

猫妈妈利用为孩子们整理毛发，无微不至地照料他们。猫妈妈强有力的舔舐向小猫们传递着触摸的力量，这也加强了母亲和孩子之间的感情联系。一奶同胞或是共同拥有一个主人的猫咪们彼此之间也经常舔舐对方的毛发，以此来巩固关系。舔舐毛发还能帮助猫咪抵御压力。兽医专家的研究报告表明，一只猫咪在给自己梳理、舔舐毛发时心跳会舒缓下来。

至于钱德勒，看来如果他想成为巴纳姆及贝利马戏团的走钢丝演员的话，应该是没什么前途了。当猫咪遭遇到一些突发状况或是意外事件时，他们都会本能地舔舐自己毛发，并将此作为平复情绪、集中精神以及恢复优雅身姿的办法。这就好像他们在如此表态："什么？我

摔下来了？你一定是在开玩笑。为什么，我只是想让自己看起来更加妙不可言。"

所以，即使你在面对钱德勒的举动时很难憋住不笑，但还是请尽量遏制住自己的笑声。不但不要笑，作为他的朋友，你还应该用平静的语气呼唤他过来，并用手在他的脑袋上轻轻地摩挲几下，或是给他一点好吃的。他会很感激你的举动的。

为同伴梳理毛发

问：我的猫咪宙斯有18岁了，他还是个小奶猫时我就收养了他。他是一只短毛、棕色条纹的虎斑猫。我从未真正为他的皮毛操过心，因为他似乎总能让自己的毛发保持清洁、整齐。但是最近，我注意到家里的另一只猫咪，6岁大的维纳斯开始为宙斯舔舐毛发了。她舔舐他的脑袋、耳朵里面甚至还有尾巴下面。我一直觉得猫咪是独居动物，您能否解释一下，为什么维纳斯要为宙斯舔舐毛发？

答：那种认为"猫咪是离群索居者"的传统说法虽然流传度较广，但却是谬误已久的，与此相反的是，他们彼此之间通常会形成紧密的社交团体关系。宙斯和维纳斯共有一个家，共有一个主人，他们是这个和谐大家庭的一部分。触摸是他们彼此间进行交流的一个重要方式。

维纳斯正在以她自己所认为的最好的方式来向

这个长辈朋友表达自己的情感——帮助他保持皮毛的整洁和健康。在我的家里，考利和墨菲就是在帮助另一只已经 19 岁的斑纹猫"小家伙"做相同的事情。"小家伙"的动作已经远不如他年轻时那般灵活了，所以两只年轻一些的猫咪似乎意识到他的动作有些僵硬了，于是他们俩一起为"小家伙"舔舐毛发，使他那些自己够不到的地方都能保持极佳的整洁度。而"小家伙"对此也一点都不反感。

那些长时间生活在一起，尤其是一起生活在室内的猫咪，会经常以这种"你搔搔我的背，我再搔搔你的背"的方式彼此间进行交流，这样可以加强他们之间感情的纽带。这种带有社交性质的"梳理毛发"行为，即广为熟悉的"相互理毛"，在包括大鼠、鹿、狗、猴子以及牲畜等多达 40 多种动物中都普遍存在。这些动物彼此间梳理毛发，除了社交方面的原因，还可以达到清理伤口、安抚紧张情绪以及清除残留在毛发里的诸如跳蚤之类的小虫子的目的。

维纳斯为满足宙斯清理毛发之需而努力，尽管这场景很动人，但我仍要强烈建议你，应密切关注宙斯的一举一动。如果宙斯已经完全无法自主梳理毛发了，他很可能已经出现一些健康问题了，而这是必须要加以关注的。如果没有维纳斯的细心协助，宙斯的皮毛就会变得干涩、暗淡无光，并且遍布皮屑。

毛结来袭！

清理长毛猫的毛结可以用一把宽齿的梳子。开始时，先仔细地用手指或是一种毛结分离器尽可能多地将毛结拨开。握住毛结的根部，轻轻地但要坚定地，用梳子从顶端朝着根部向下梳理。用剪子剪听上去倒是一个快速解决方案，但我强烈反对，因为这样的冒险行为极有可能会不小心剪到猫咪的皮肤。如果遇到你自己无法用梳子梳开的毛结，还是去找专业的猫咪美容师来解决问题吧。

打扮出一只魅力十足的小猫咪

问：我们家里最近新来了一只可爱的名叫公主的小猫咪，她有着漂亮的灰色的长毛。我很喜欢长毛猫，但是她的长毛很容易缠结在一起，在她的侧身还有腹部还形成了几处小毛结。之前我一直以为她可以自己梳理毛发，但是现在我才意识到还需要我的帮助。有几次我试图用梳子来梳通她身上的毛团，但一定是我用劲太大了，她疼得都发出了"哈哈"声。现在，只要我拿着刷子或是梳子朝她走过去，她瞪视片刻后就马上逃跑躲了起来。请问，我该怎么做，才能让这个梳理毛发的过程变成一种对于公主来说更为愉快的经历呢？

答：猫咪经常自己就能很好地完成梳理毛发的工作，但是如果有个人拿把刷子帮助他们干这件事，他们也会乐得享受的。长毛猫以及毛发非常细密、松软的猫咪，如果没有定期甚至是每天都做毛发清理的话，其毛发很容易打结、弄脏弄皱甚至变得褴褛不堪。在春秋两季，很多猫咪会脱落掉更多的毛发，此时如果主人们能够帮他们多梳理梳理的话，就能使他们一直保持最佳样貌。

在你第一次为公主整理毛发之后，她就将刷子、梳子与拉扯毛发的疼痛感联系在了一起——所以她见到你拿着这两样东西就逃之夭夭，也就并不意外了。而且，可能你已经对是否继续进行感到犹豫而踌躇不前了，这就使她更有理由认为，有些事你做错了。现在必须重新部署工作。你上过瑜伽课或是类似冥想的课程吗？还记得老师教你如何做深呼吸吗？在你准备为公主梳理毛发之前，先平静下来，做几次深呼吸。如果你自己放松下来了，她就会感觉得到，你不是想要伤害她。

开始之前，可以先用柔和的声音和公主说说话，用手轻柔地抚摸她的全身。手在移动的过程中要缓慢且稳定。如果她试图跑掉或是看上去有些紧张，你可以先放手。一旦她感觉放松了，她应该会发出"呼噜呼噜"声。可以利用这段时间，先用手指轻轻地在她的皮肤上行进，找找毛结、突起物、伤口或是是否有跳蚤的踪迹。在头几天里，暂时先不要进行梳理毛发的工作，因为你需要重新树立起公主对你的信任。

到了第二阶段的工作，就应该用正确的工具来武装自己：一个毛结分离器，一把宽齿梳子以及一把针梳。目前市场上有很多不同的品牌，但是一些顶级的猫咪美容专家建议，宽齿梳以及脱毛梳（长扁梳）是特别针对长毛猫而设计的。原因吗？你需要用这两种梳子为猫咪清除掉可能造成被毛打结的一些已脱落的毛发。

首先要梳通所有的毛团。握住猫咪皮肤与毛结之间的毛皮，使用毛结分离器。用在公主腹部毛发的第二个工具应该是一把可以使她的毛发平倒下来的针梳。用宽齿梳将毛发竖直地梳起来，以使猫咪的体型显得丰满些（为防止结成毛结，大多数有着细密皮毛的长毛猫都需要人类用梳子每天为猫咪从根部梳理被毛）。如果公主的皮毛又光滑又细密，那么就可以用带有一个美容手套的刷子为她刷毛，这种有美容手套的刷子可用来使猫咪的毛发更加顺滑，还能闪着微光。

用宽齿梳以流动的手法在公主的被毛上缓缓地穿越划过，移动的方向为沿被背毛生长的方向。先从头部开始，然后向下至尾部，然后再到四肢。休息一小会儿，花点时间安抚一下公主，可能的话再给她些喜欢的零食。如果她表现出挣扎、反抗的动作，尽管让她离开，第二天可以再试一遍。可别指望在一次清理过程中就能将她的毛发全部梳理通顺。

在毛结全部清理干净之前，每天能够梳理通顺 1~2 个毛结，你就应该感到满足了。

你可以每天都留出 5 分钟的时间来做猫咪的美容师。挑选的时间应该是你和猫咪都感到放松的时间，比如说晚上你看电视或看书的时候，也可以是早晨你一觉醒来时，而此时公主刚好既有点困又有点饿。此时正可以利用她腹中空空来清理毛结，如果她在整理过程中表现得很乖，就可以奖励给她一些食物。效果马上就会显现，公主会热切期盼这个美容时段还有你的到来。

如果公主已经被过多的毛结搅得不得安生，或者有的毛结实在过于紧实，甚至用毛结分离器都无济于事，那你最好还是带着她先到专业的猫咪美容师那里。美容师可以把她的毛发整饬一新，之后你每天给她做日常的整理修饰就可以了。千万不要忽略掉长毛猫的毛结——一些小毛结就会变成顽固的乱结，如果梳理不及时，最后只能将整片猫毛都剃掉了。最后一个小提示：长毛猫在每天的活动中其毛发不可避免地会存留一些身体分泌出的油脂以及外界的灰尘，而这些物质都会加剧毛结的形成，所以，如果猫咪能够定期沐浴，那他们是非常受用的。猫咪的一次沐浴，其清除脱落的猫毛的效果要好于简单的梳理。你的猫咪不仅会逐渐习惯沐浴的过程，还会习惯于电吹风将身上吹干的过程。将电吹风调至较为安静的中速、中等热度，对猫咪则最为适宜——大多数的猫咪会渐渐地喜欢上这种暖洋洋的感觉，但是他们可能不会喜欢噪声稍大的烘干机。

猫咪指甲的小知识

问：每当我抱起我的猫咪，她爪子上又长又尖的指甲就会深嵌进我的肩膀和颈部。真是太疼了！所以，请问，如何使她的指甲总能保持整齐？而我又能确保自己的皮肤不会被她抓伤呢？

答：我家的两只猫咪考利和墨菲就喜欢炫耀他们的爪子，所以也很容易接受定期为他们修剪指甲的要求。为了帮助你能顺利度过剪指甲这个"难关"，我认为你有必要站在猫咪的角度来想这个问题。如果逮到机会，猫咪必定会逃离这个"剪指甲"现场。这也就是为什么我会建议你将剪指甲的过程安排在一间小房间内（比如说卫生间）进行。一旦猫咪观察清楚了周围的环境，并意识到这里没有逃生窗口可钻，她通常就会乖乖就范。

可以先这样开始：时不时地和她的四只脚玩上一会儿，让她逐渐习惯于被人触碰她的脚趾头。轻轻地捏她的脚垫，这样可以将指甲露出来，无论你是在抚摸她还是为她梳理毛发时都可以做上述工作。

如果你已经准备好可以为她剪指甲了，那么请先准备好下列工具：专为猫咪设计的指甲刀，一块厚毛巾，止血散（万一你把指甲剪得过短进而出血，谨防不测）。然后把猫咪带进卫生间，喂给她一点食物以便你们能有一个良好开端。听起来可能有点傻气，但是你可以试着用快乐的语调唱上几句，别担心自己会唱走调——你的猫咪是不会告诉你的朋友们的。或者，至少你可以在工作的时候平静地和猫咪说说话。坐在地板或是一把椅子上，搂住猫咪，让她背部靠着你，这样你就能一只手握住一个爪子，用另一只手拿指甲刀。

如果猫咪对这种情况反抗得太过激烈，或是试图挣扎着跑掉，可以用那块厚毛巾裹住她，只将她的脑袋和一只前爪露在外面，把你的拇指摁在爪子上面，另外几个手指托住下面，轻轻地压住，并把她的指甲露出来。只剪下每个指甲的指尖，即只剪下白色的部分，一定要当心，不要碰到每只爪子上的静脉（粉红色部分）。

要尽量配合猫咪的反应来进行。如果她开始大吵大闹了，那么这次就只处理这一只爪子即可。你大可不必将一项日常生活中的琐事当作是表忠心的某场保卫战一样去应对。在准备处理第二只爪子之前可以先观察一下，看看递上一点美味是否能够让她平静下来。如果她仍表现得心烦意乱，那就再等等，到第二天再去处理第二只爪子。耐心才是你的制胜法宝。根据猫咪的具体情况，修剪指甲的间隔时间为 2~4 周不等，所以要让猫咪觉得剪指甲就好像打个哈欠一样简单。

🐾 猫咪小常识

目前保持着拥有最多脚趾头记录的猫咪名叫"老虎"，他住在加拿大的阿尔伯特省，他一共有 27 个脚趾头。这一惊人纪录帮助他登上了 2002 年的《吉尼斯世界纪录大全》。

万一你不小心剪得太深，剪到猫咪的肉，就会导致出血，此时此刻，止血散就派上用场了。将止血散敷涂在指甲上等几秒钟，然后压住猫咪的指甲直到不再出血为止。

记住，在剪指甲的过程中一定要不停地夸奖、鼓励猫咪。一旦剪完，打开卫生间的屋门，让猫咪走（或者是"跑"）出去。你数完十个数之后再走出卫生间，这样猫咪就不会认为你是在追着抓她了。我经常是走出来后就朝着相反的方向而去，我的猫咪们就会在大厅里站定，看着我，开始下意识地做几个"猫洗脸"，让自己逐渐平静下来。大约一分钟之内，他们就又会和往常一样绕在我的腿边，追着我四处走动了。

贪吃的 "馋猫"

问: 我的猫咪艾玛每次在进食过程中的表现就像一只狗狗。她会一刻不停地向所有人乞食。她围着桌子走来走去,不停地从一个人的身边跑到另一个人身边。她有时甚至会用爪子扒我们的腿或跳上膝盖。进餐过程现在已经变成了一场意志的较量。我该怎么办才能不受干扰地享受我的美餐? 如何才能制止猫咪的这种乞食行为?

答: 狗狗并非能够独享 "乞食大王" 这一 "美名" 的,但是猫咪会表现得更扭捏而且更灵活机动一些。每当你拿起刀叉准备吃饭时,他们准会冲着你闪着自己楚楚动人的大眼睛,用他们的小爪子轻轻地拍打着你的小腿。更有甚者,他们还会熟门熟路地跳上你的大腿,开始冲着你发出萌死人的 "呼噜呼噜" 声。此刻的你肯定 "举手投降",乖乖地把你盘子里的食物喂给他们吃。

你在这个过程中有没有看到一个固定的模式? 在你还没有意识到这一切之前,艾玛就已经把你们全家都 "训练" 成了为她提供饮食服务的人员。有些猫咪的这一贪吃特质甚至到了登峰造极的水平,简直可以拿到 PHD 文凭(即乞食专业的文凭)。猫咪中的一些 "揩油" 能手都变成了直接蹿上餐桌、从盘子中把食物拖走的大胆窃贼。而另外一些猫咪则成了人类菜肴的 "粉丝",以至于他们会对主人放到他们饭碗里的猫食嗤之以鼻，继而对主人一通撒娇卖萌之后，让主人喂给他们人类的烹制菜肴。

必须尽量遏制住猫咪的这种上桌乞食的行为，主要有以下两个方面的原因：一是自己可以安心享用食物；二是为猫咪的身体健康着想。如果你对于拒绝自家这个毛茸茸的讨饭者总是感到那么难以启齿，那就时刻提醒自己——餐桌上所有的东西都是高热量、低营养的垃圾食物，特别是如果你允许艾玛舔掉桌子上的肉汁或是一口吞下一片上好的牛脊肉，想想艾玛会变成什么样？可以想见，这些根本不适合艾玛的食物会导致猫咪的呕吐、腹泻、肥胖以及由此产生的一系列身体健康方面的灾难后果。

特别为猫咪设计的一些食品要比猫咪在正餐之间吃的那些"零嘴"营养得多，你可以巧妙利用这些食品来巩固猫咪的一些良好行为。即便这些食品如此优秀但也应适量——猫咪对其的摄入应为每天饭量的 10%左右。

为能够有效制止猫咪的这种无休止的乞食行为，可以采用一种新的喂食策略——猫咪只能从他们的饭碗里得到食物。如果你在自己的就餐时间里允许艾玛待在餐厅，要制止她乞食行为的唯一办法就是完全无视她的存在。大声呵斥她或是把她推到一旁都不见成效，事实上可能还会增加她渴望得到关注的决心。可以料想得到，一开始艾玛的乞食行为会变本加厉，但她最终会明白，她喜欢的美味佳肴不会再举到她面前了。

另一个解决方法是，当你们在进餐时也要安排好她的就餐时间。可以把她带到另一个房间里去吃饭，然后把房间门关上。在你们吃完饭、将餐具从餐桌上全部收拾干净之前，先让她一直待在那个房间里，然后再打开房门，喂给她一些零食。要有耐心，这需要花时间以及毅力让艾玛接受这个家里的新规定，这样才能有效制止艾玛在人们就餐过程中的不停纠缠。

当然了，最好的建议应该是，一开始就不要养成将餐桌上的食物碎屑都喂给猫咪吃的习惯，这样，她也就绝不会认为她错过了什么"美味"。你需要保证的是让她能够保持一个健康标准下的体重。

啃一啃这个

问：每次我准备出门上班之前，我总会给我的狗狗拿一个狗咬胶让他啃，这个东西似乎能够让他开心一整天。我也曾试着给我的猫咪加菲（没错，他是一只又大又肥的橙色虎斑猫）一小块狗咬胶，他只是闻了闻就把它丢在一边扬长而去了。为什么他不喜欢啃狗咬胶而狗狗却喜欢得不行？

答：有关猫咪和狗狗的一个事实就是，他们拥有各自不同的下颌结构。他们咀嚼食物的过程是不完全相同的。虽然猫狗都属于肉食动物，但狗狗的食物范围比猫咪要宽泛得多。猫咪的牙齿尖锐、锋利且具有切割能力，这样的构造非常适于猫咪在捕到一些诸如老鼠和鸟类等的小型猎物时将其抓住并撕扯成两半。他们更多的是依靠自己长有倒刺的舌头而非锋利的牙齿将猎物锉成一片片小肉片。狗狗的下颌在咀嚼时是多做上下运动，而猫咪的下颌则是用来咬碎骨头的，所以做的是研磨式的前后运动。

如果你在狗咬胶上抹上一些切德奶酪再给加菲，让他像小孩子舔棒棒糖一样舔这块狗咬胶，加菲可能会感到更开心。总之，相对于他们那些怪咖狗友，猫咪对于什么东西进到嘴里无疑是更加挑剔和仔细的。这也能够解释为什么你把一粒小药丸藏在一片奶酪里，然后就能够轻而易举地哄着狗狗吃下奶酪，但是这招用在猫咪身上却要难得多。大多数狗狗能够不加思索地将一些看似粗制滥造的食物囫囵吞下，但与此截然相反的是，绝大多数猫咪都会找到小药丸，然后要么将药丸剔出去再小口

地将奶酪吃掉，要么就根本不再理会这片奶酪，扬长而去。

狗狗和猫咪都有自己固定的进食习惯。狗狗们经常通过没完没了地嚼骨头来消磨时光、平复心情，这项活动有助于他们放松心情。而猫咪们呢？当感觉心情紧张时他们做的则是不停地梳理、舔舐自己的皮毛，他们喜欢用自己长有倒刺的舌头接触皮肤。他们认定能够让他们感觉舒服自在的工作是整理自己的毛发，而不是不停地啃嚼一只奇怪的、却能让狗狗馋得流口水的狗咬胶。

请放过青草吧

问：我敢打赌，我家猫咪上辈子一定是头奶牛。麦琪是我的一只3岁大、长着黑白花的猫咪。我把她带回家收养时她还是一只小奶猫。她绝大多数时间都是生活在室内的，但只要她出了门，特别是到了我家后花园里，麦琪就像水平飞出的一支箭一样蹿向草坪，并在里面开始啃草。有时，她吃下了太多的草叶，到后来又都吐了出来。她没什么问题吧？为什么她看起来那么喜欢吃草呢？

答：尽管你家的麦琪是一只不折不扣的肉食动物，但她也会吃草的。吃草其实在猫咪中是一种很常见的行为，吃草或是其他植物是猫咪的一种本能，是为了补充他们自己的进食需求。一些兽医方面的营养学家所做的研究报告指出，全肉类的食谱无法为猫咪们提供他们生长所需的某些维生素以及矿物质，所以他们就会从青草和绿色植物中去寻找。

麦琪扑向草坪吃草还有第二个可能的原因就是，草叶能够帮助她吐出胃里的毛球，以缓解胃部的不适。当然，这样做的结果就是最终选择户外的泥地上（不是在家中而是在外面的草坪上），但是麦琪懂得借助大自然母亲的力量。

我在此还要提醒你，如果你家的草坪喷过了什么农药或化学制剂，一定要让麦琪远离草坪。或者，可以在屋子里为麦琪弄上一块有机种植草坪。这种草坪的生长速度很快且易于成活，更绝妙的是，还可以在上面为麦琪种上一些新鲜的猫薄荷。植物种子在这种硬硬的草皮上很容易成活，只需将草皮放在阴暗、潮湿的环境下，种子即可快速生长，之后再将其移到阳光充足的地方——我的建议是，可以放在麦琪经常喜欢晒太阳的地方——比如说，起居室的窗边。

你也可以向兽医咨询，请兽医为麦琪开一些能够预防毛球伤及胃部的药物。另外，你还可以定期为麦琪做清理，比如，用微湿的手在她的背毛上逆着猫毛生长抚摸，将脱落的猫毛带出，这样也可以减少毛球对她的困扰。

挑剔的食客

问：我的生活中时刻都有猫咪的陪伴，我喂他们食物，走开，然后静静地看着他们开心地大快朵颐。很简单是吗？现在不一样了。我最近收养了一只流浪猫。我猜她大概有3岁。我本来觉得她对于能拥有一个家会心存感激的，但没想到她对食物竟会如此挑剔。我家的另外两只猫在吃他们的食物时没有任何问题，但这只新来的猫咪加比，却只爱三文鱼和金枪鱼，但是我总不能为了迎合她的口味，一直喂给她这么昂贵的食物啊？

答：尽管长久以来猫咪都是以吃饭挑剔而闻名的，但我更愿意将他们称为有鉴别能力的"食客"而非简单的挑食。你需要弄清楚到底发生了什么。加比真的是一个挑剔的食客吗？还是有其他什么情况出现？你

可以在之后的几天里用一个便
签本记下加比的进食习惯。
至于加比为何不愿意吃其
他两只猫咪都喜欢的食物，我想可能
有以下几个原因。她可能一直
对原来你给她的食物以及餐
桌上的碎屑——比如三文鱼和
金枪鱼等——念念不忘。又或

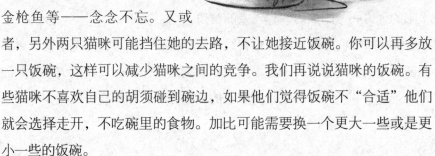

者，另外两只猫咪可能挡住她的去路，不让她接近饭碗。你可以再多放
一只饭碗，这样可以减少猫咪之间的竞争。我们再说说猫咪的饭碗。有
些猫咪不喜欢自己的胡须碰到碗边，如果他们觉得饭碗不"合适"他们
就会选择走开，不吃碗里的食物。加比可能需要换一个更大一些或是更
小一些的饭碗。

饭碗所放的位置可能也是一个失误，特别是如果饭碗放在了一个类
似厨房这样吵闹、喧哗的地方，是会影响猫咪的进食的。有些猫咪喜欢
在周围不是太过嘈杂的环境下进食。

加比是不是在外面遇到什么事情？她可能是对邻居家喂给她的美食
念念不忘，又或者她在外面打了些"野食"，比如田鼠和麻雀什么的，
吃饱了才回到家的。

最后，也不能排除身体健康方面的原因。加比可能牙龈不舒服或是
少了几颗牙，这都让她无法痛快地咀嚼食物。

🐾 猫咪小常识

一只来自澳大利亚的猫咪西米，是目前记录在案的世界上最重的猫咪。根据
《吉尼斯世界纪录》上的记载，这只猫咪在 1986 年时的体重为 46 磅 15.25
盎司（约合 21.30 千克）。

有关猫咪进食的思考

问：我打算从动物救助站那里收养一对猫咪。他们是一奶同胞，一两岁的样子。我不希望我的猫咪因为吃得过多而造成肥胖，请问，我是应该选一只大碗让他们随便吃，还是一天只喂两次呢？

答：欢迎参加热烈进行中的"猫咪进食大讨论"。自由进食与固定时间内进食这两种手段到底该选哪一个是很多家长的难题。很多养猫家庭，不管是一猫家庭还是多猫家庭，家长们总是怕饿着孩子就采取自由进食的方法，他们想吃就吃，直到变肥或者对任何食物不感兴趣。为保证猫咪的基本健康以及对食物的兴趣还是建议一天一到两顿的固定喂食。

由于猫咪是到新环境中的，为了保持平稳过渡，所以我认为你应该先和救助站的工作人员确认猫咪原来所在家庭中的进食习惯是怎样的，是一天只喂两次还是想吃就吃；还要向工作人员问清楚，猫咪是否出现过对其他猫咪进行威逼恫吓，从别的猫饭碗里抢食的情况。

对家里新猫咪的进食习惯进行观察，并定期为他们测体重。在到新家的最初保持原习惯的这段时间里，你要做的是定期将饭碗清洗干净——需要每天清洗猫咪的饭碗。

当猫咪在家中适应良好后，你就需要开始从"自助餐"到"定时餐"的过渡了。因为有些猫咪会将"自由进食"当成一种24小时都有效的"能吃多少就吃多少"的自助餐，肚子里装满了猫粮，直到肚皮撑得都拖到了地板上才停下来。他们就是对美食停不下嘴。你可以想象一下这样惊人的场景：一只9磅重的猫咪如果超重3磅，就相当于一个120磅重的人超重了40磅。超重无论对于猫咪还是人类都会给身体健康带来风险。

😺 猫咪小常识

一只健康的猫咪，其体温应维持在 38.9℃左右。

而对于有的猫咪吃太多而有的猫咪吃太少的各种实际案例，我认为，制订出具体的喂食时间是绝对值得推荐给猫咪主人的选择。这种方法可以帮助你更好地控制猫咪的饮食。为遏制身材矮胖的猫咪吞吃掉所有食物的冲动，可以将其单独带到一间屋里喂食，然后，过大约15分钟的样子，把猫咪的碗收走。另一个方法是，给那些相对较瘦弱的猫咪在晚间多加一顿餐，而胖猫咪就在他自己的房间度过整晚，不要再喂食任何东西。

如果猫咪出现诸如糖尿病之类的健康问题时，控制进食也能起到非常好的辅助治疗作用，有上述疾病的猫咪其胰岛素和血糖水平需要每天保持稳定。

在你有时无法做到在家里定时给猫咪喂食时，可以考虑买一个定时自动喂食器。这种小装置可以在设定好的时间准确地将控制好的定量食物分给猫咪们，一次只会向猫咪饭碗里放几个高尔夫球大小的猫粮团，然后猫粮团会在小托盘或是浅碟里散开，这样也会使那些贪吃的猫咪急不得恼不得，只能慢慢地吃。

对甜食缺乏兴趣

打开一盒金枪鱼罐头，观察一下，你家的猫咪很快会颠颠地跑过来渴望与你分享，但是如果你拿出来的是一块糖或是一块饼干，他极有可能表现出一副无所谓的样子。绝大多数猫咪对于甜食都是毫无兴趣的。

所有哺乳动物的味觉细胞都在舌头上，这些味觉细胞将味道的信号传递至大脑。人类的味蕾能够分辨出五种不同的味觉：咸、甜、酸、苦和鲜（这主要是指肉香和菜香）。

科学家们最近发现，有两种蛋白质能够调节我们对于甜味的感受。而对于猫咪而言，其体内缺乏这两种蛋白质的其中之一——TlR2。所以猫咪在对于糖类的态度上，至少是无所谓，而至多则是根本辨别不出来食物中是否有糖。

既然如此，为什么还会有猫咪向主人讨要酸奶和冰淇淋呢？这是因为，这两种乳制品食物中含有大量的被称为酪蛋白的蛋白质，酪蛋白的组成成分中含有猫咪食物中所必需的氨基酸。

小毛球！

问：我的长毛猫"可爱小凯蒂"，似乎一刻不停地在梳理她自己那身美丽的银色皮毛。她是一只一直生活在室内的、快满5岁的猫咪。现在，至少每周有那么一两次，我都会看到她把一个小毛球从嘴里咳出来并吐到地毯上。她似乎从未将毛球吐在比较好清理的地板上（比如厨房的瓷砖上）。我会定期带她去兽医诊所做体检，而兽医也并未发现她有什么健康问题。那她为什么要吐毛球呢？

答：你真不走运，毛球是所有长毛猫以及很多掉毛的短毛猫身上非常常见的产物。猫咪们经常是在为自己梳理毛发时将这些掉落的猫毛吞了下去，他们舌头上那些柔软的小倒刺像把发刷一样直接将掉落的猫毛抓住。而大多数情况下，被猫咪吞下的这些猫毛在经过消化系统时并不会出现什么问题。

但是，如果猫咪对毛发整理过多或者脱落了过多的猫毛的话，吞下的这些猫毛会堆积在胃里，对胃部内壁造成刺激，进而干扰胃部正常的消化功能。而一旦毛球大到一定程度，猫咪就会通过呕吐将这一大团混合了乱糟糟的猫毛、未消化的食物、唾液以及胃内分泌物的杂质排到体

外——啊，这就是你家猫咪的毛球中的所有成分。

如果猫咪吐毛球的次数越来越频繁或者她在呕吐时表现出不舒服的迹象，我强烈建议你赶紧找兽医寻求帮助。为猫咪做一次 X 光检查还是非常有必要的，可以检查出是否有毛球卡在她的胃里。在某些极端情况下，卡得十分紧实的毛球必须通过手术才能取出来。

即使"可爱小凯蒂"是一只对自己仪容要求非常严格的猫咪，你也要每天为她梳理、梳通她的皮毛，争取尽量减少毛球的产生。为她梳理毛发不仅可以对她的皮肤或者毛皮进行仔细检查，看看是否有囊肿、撞击造成的肿块以及虱子等，还可以帮助她清理掉死皮、减少猫癣出现的可能。你的衣服和家具也能因此而受益，因为你为猫咪梳理了毛发，以前总在家里飞来飞去的猫毛自然就显著减少。你也可以定期将猫咪送到一家专业的宠物美容机构，那里有专业的宠物美容师为她服务呢。

> ### 🐾 猫咪小常识
> 毛球是一个令人感到恶心的形容词汇，而用来描述这一令人挠头的乱糟糟东西的科学名称应该是"毛粪石"。

防止产生毛球的另一方法就是，喂猫咪吃一种在兽医诊所或是大多数宠物用品商店都能买到的有机化毛膏。有些猫咪可以直接服用凡士林，但大部分的猫咪不喜欢它的味道。不论是哪个品牌的产品，在给猫咪服用之前，都可以先在她的鼻子或爪子上抹上一点。她会不由自主地伸舌头舔这些地方，因此也就咽下了化毛膏。有很多化毛膏中都加进了一些香料，这样猫咪就会将其视为可以吃的美味。不要使用黄油或是植物油，因为这两种油脂所含的热量过高，无法被猫咪有效吸收。另外，初榨橄榄油可以少量使用。

但是猫咪的目标为什么是地毯而不是瓷砖地板呢？目前这仍是猫咪世界中的未解之谜。我家的装饰材料绝大部分都是层压板材料以及瓷砖。但不论什么时候，只要家里的猫咪们感到胃部不舒服，也会只将毛球吐在家里有地毯的地方——比如我的卧室以及楼上的过道。

安伯对自己皮毛的过度梳理

安伯是一只已做过绝育手术的 11 岁短毛家猫，自她刚满 8 周大时就和西尔维娅生活在一起。这只只生活在室内的猫咪无时无刻不在炫耀她那身整洁、有光泽且整理得一丝不乱的皮毛。尽管只要家里的门铃响起来，安伯准会一溜烟地逃得无影无踪，但每当西尔维娅的男朋友来家里时，安伯总是会黏在他的脚边跟着他走来走去。

大约一年前，西尔维娅的另一只猫咪普基生了重病，最后不得不接受安乐死。西尔维娅告诉我，安伯眼看着她把普基装在运送箱里离开了房子，但回来时运送箱里却没有普基。在她的伙伴去世之后，安伯便开始过度地舔舐自己的腹部以及后腿。她的体重也开始减轻，但是西尔维娅却根本没有对安伯的食谱做任何变动。

在找到兽医做完检查之后，西尔维娅排除了安伯身体出现健康问题的可能性，也排除了其对寄生虫、食物、灰尘、花粉或是霉菌可能产生的过敏反应。我告诉西尔维娅，安伯可能患上了心因性脱毛。猫咪通常在遭遇瞬间的情绪紧张时都会用不停地梳毛作为一种换位行为，但有时候，这种行为的频率可能会比我们认为的合理情况还要频繁，其持续时间也会长很多。当情绪紧张导致行为加剧后，梳理毛发的动作就会不断重复且愈加频繁，有时甚至会导致皮肤上出现斑秃并在皮毛上留下自己啃咬的痕迹。

总体而言，心因性脱毛更常见于母猫而非公猫，发病年龄不限。有较为显著的证据（但并不是绝对的）表明，这种疾病常见于（只是常见，并非绝对）东方猫种，这主要是与东方猫种热情外向的性格有关。很明显，安伯非常想念普基。而家里的另外一只猫咪——"小情人"——有时表现得像一个小恶棍，所以我曾建议西尔维娅给他的项圈挂上一个铃铛，这样安伯就能提前知道他的具体位置，也可避免与其发生冲突。

我建议西尔维娅能够每天都花上 5~10 分钟的时间和安伯做做互动，和她玩上一会儿。比如说，带羽毛的玩具、猫薄荷味的老鼠以及有皱褶的东西都是猫咪非常喜欢的玩具。可以用一些诸如猫咪可以爬上爬下的吊床、可以玩的装有美味的漏食球之类的东西丰富她的生活环境，这样也可以让她的情绪恢复平静，分散对"小情人"的注意力，所有这些措施都有助于安伯的紧张情绪得到舒缓。

作为一项临时措施，我还建议西尔维娅可以从兽医那里开一些有镇定作用的药物作为临时备用，当安伯出现类似于心因性脱毛这类强迫症行为时可作为镇静药物使用。安伯的理毛行为终于得到有效控制，她的皮毛又恢复了以往的光泽。

本部分内容由注册动物行为学家爱丽丝·穆恩－法尼利提供

牛奶惹的祸?

即便是有很多人都认为猫咪爱喝奶就和老鼠爱吃奶酪一样是天经地义的事，但兽医们一般都很反对给猫咪喝上一大盘子的牛奶。因为成年猫咪自身无法产生足够多的乳糖酶用来分解牛奶中的乳糖，即使是一小勺牛奶也可能导致猫咪的腹泻或是呕吐。所以，为什么还要冒这个险呢?

矮胖猫请测体重

问: 我很爱我的那只肉墩墩、逗人喜爱的虎斑猫里奥，但是我的朋友们却总拿他的身材开玩笑，他们管他叫"大胖子里奥"，还问我是不是养了两只猫。里奥 8 岁了，大概有 16 磅重。我告诉朋友们，他只不过是有副大骨架而已，但其实我知道他确实超重了，可是他的身体看起来没有任何问题啊。请问，拥有一只圆滚滚、胖乎乎的肥猫有什么问题吗？

答：很多的问题。我也有过和你类似的经历，我家岁数最小的猫咪墨菲曾经一直是我家三只猫咪里体格最为健硕的，直到几年前，这一切发生了变化。每天早晨我都会带着她在附近散一会儿步，每当我拿出牵引绳时她都会欢快地跑到门口等着我。然后家里新来了一只狗狗，再然后又来了一只。于是我不再和墨菲一起出去散步了，也不再揉出一个纸团顺着长长的走廊扔下去，让她跑着抓来抓去，取而代之的是我和狗狗们一起出去散步了。

于是墨菲坐在屋里吃啊吃。一桶猫粮接着一桶猫粮，一罐美味接着一罐美味，她的身材就像是吹起来的气球，直到体重达到了惊人的 15 磅。和你现在一样，我也不得不着手应对我一手造成的局面——家里出了一只肥猫。不幸的是，你和我居然不是仅有的肥猫主人，全国的猫咪中竟然有多达 40% 的猫咪超重或是患有肥胖症。

超重的猫咪患上糖尿病、心脏病、关节炎以及一系列其他疾病的风险大大增加。由于这些猫咪的胃部已经撑大了，他们除了吃饭、睡觉以及偶尔去趟厕所之外，几乎就没有什么能够提起兴趣的事情了。他们经常是很少喝水，这使得他们的小便里更有可能出现结石或是出现尿路感染。

我们可以用一些巧妙的手段帮助里奥变得更苗条些。拿出一张他"以前"的照片并将其放在家中醒目位置，比如说冰箱门上。先从写"里奥的饮食日记"以及每三天为他测一次体重开始吧。如果他的饭碗总是装得满满当当的，赶快打住。向兽医咨询一份高质量的健康食谱（应该包括含有更多纤维的食物，这类食物可以使猫咪总有饱腹感），慢慢改变原有食谱，将里奥原来的固定食谱改为热量更低的版本。规定具体的进食时间，根据说明来计算每部分的能量。可以使用一个量杯为里奥确定好食物，而不要随随便便地拿一个塑料盒或是小勺敷衍了事。可以将里奥的食物平摊在一个烤盘里，先不要用饭碗，这样无形中可以增加他的吃饭时间。

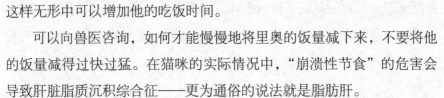

可以向兽医咨询，如何才能慢慢地将里奥的饭量减下来，不要将他的饭量减得过快过猛。在猫咪的实际情况中，"崩溃性节食"的危害会导致肝脏脂质沉积综合征——更为通俗的说法就是脂肪肝。

你的目标是要让里奥能够每周减少几盎司的体重，这样超重的现象才会逐渐地消失，而且不会反弹。体重真的开始减轻了，就可以鼓励里奥和你一起玩以及多做运动，让从前那个活泼好动的小里奥重又回来。如果你家里有楼梯，可以趁着里奥在楼下时，将一小片低热量的金枪鱼片放在楼上，先给他看看鱼片，然后再呼唤他上来。还可以用一根绳子拖着一个玩具让他追着跑。再给他买一个互动性很强的玩具，这样如果你走开时，也能够吸引他的注意力。

针对猫咪不断的进步，可以每月给他拍几张照片作为对比。这样只需半年的时间，你的朋友们就该称呼他为"苗条的里奥"了。

洗澡吗？不，谢谢

问：我的狗狗马克斯是一只好脾气的斗牛獒，他非常喜欢游泳还有洗澡。但我的猫咪斯塔却绝对不允许自己被弄湿，所以我只能偶尔给她洗一次澡。但是因为马克斯总喜欢和她亲热，弄得她经常满身都是狗狗的口水，她闻上去简直和马克斯一个味了。请问，猫咪为什么这么讨厌洗澡呢？

答：猫咪是非常注意保持"个人卫生"的动物。如果他们是人类的话，肯定会被冠以强迫症行为患者的称号，因为他们在一天里会无数次地洗手。他们绝对不会被撞到在公共场合穿着又脏又破的 T 恤衫或是不合时宜的衣服招摇过市。所以这就难怪，那些长着漂亮的黑白花皮毛的猫咪会被人们满怀深情地称为燕尾服猫咪——而不是什么奥利奥饼干猫咪了。

当人们不得不通过经常洗澡来清除掉自身产生的体臭或是一些黏糊糊、油腻腻的物质时，绝大多数猫咪却根本不需要洗澡。一个功能完备的刷毛器（对于那些毛发较蓬松、柔软的长毛猫需天天梳理，对于短毛猫则不必那么频繁）就能够帮助猫咪保持皮毛的健康。除非斯塔全身都被大狗狗的口水浸透了，否则你尽可以放心地让她来负责自己的"个人卫生"。如果她身上仍留有狗狗的臭气，你可以试试用干洗香波，也可以试着用无味、不含酒精的清洗液来为她擦拭，但是最好不要做全身水洗。

如果你感觉她确实需要洗澡了，可以先在水箱或是浴盆里倒满水，水温与室温相当即可。一开始只需四肢进去即可，从水桶里舀起一杯水倒在猫咪的背部（水龙头可能会令猫咪感到害怕），轻柔地揉搓，再用毛巾擦干，让猫咪出去。一开始可以先让猫咪在不用香波的情况下适应这个简短的洗浴过程，然后再逐渐地加上一些香波，快速揉洗、冲水，将香波和泡沫彻底冲干净。

至于说到"水之于猫咪就像醋之于油那样互不相容"这样一种说法，其实是根本站不住脚的。有些野生的猫科动物，像老虎、豹猫，都会通过游泳乘凉来躲避丛林中的酷热，他们还会蹿到水里捕捉鱼类以及其他的水生动物。我童年时代的猫咪考基，就非常喜欢和我家的两只狗狗一起在我家后院的湖里游泳，她只要看见拿着鱼竿的人就会跟上去，满心欢喜地寄望于能够吃到一顿蓝鳃太阳鱼的大餐。有很多家猫即使他们不喜欢游泳，也会对水充满兴趣，甚至有些猫咪也会开始喜欢时不时地洗个澡呢（见本书第三部分的相关问答）。我就曾经目睹过，几只猫咪十分开心地看着南加州港口里的渔船，当然不可否认的是，猫咪们当时并不在水里！

噢喔！糟糕，又该吃药了！

问：在我上次带着猫咪考斯莫去看医生时，医生明确告诉我，考斯莫必须要一天服两次药，要坚持一个疗程才行。我当然知道吃药能够让考斯莫好得更快，但是喂他吃药真的是越来越难了。每当我准备喂他吃药时，他就好像有预感似的，飞快地跑开藏了起来。请问，他怎么知道该吃药了呢？

答：首先，猫咪是一种习惯性的动物，所以，如果你一直是在固定的时间喂他吃药的话，他就已经预计到你又要开始"攻击"他了。如他看到的一样，在每天的同一时间，这一切都会出现一次。他很可能还将药瓶摇动时发出的"哗啦哗啦"声与某种令人不快的事情联系在一起。猫咪在揣测我们的情感时可是十分老练的行家里手。听你的描述，你在喂考斯莫吃药时应该也是有些紧张而且还有些沮丧的，他研究透了你的肢体语言，看到了在喂药的这个过程中，你的肌肉是如何地紧绷，所以也就非常清楚接下来会发生什么了。

　　喂我们的宠物吃药绝对不会是我们喜爱的活动，但是要提醒自己，你正在做的是一件照顾猫咪、为猫咪健康着想的事情。有将近 40% 的宠物主人都无法完成兽医交代的喂宠物吃药的工作，主要原因是什么？实在是太麻烦了。

　　因为你必须每天给考斯莫喂两次药，所以可以这样试试。把药瓶藏在他经常喜欢逛巡的地方，比如说沙发旁边或是他喜欢的躺椅边或者床边的小桌。从瓶子里数好药拿出来，等一小会儿，招呼考斯莫向你走过来，给他做一做有益健康的全身按摩，帮助他放松下来——当然你也可以放松下来。听着他发出满足的"呼噜呼噜"声，感觉到他的身体真正放松下来，然后平静地拿好药片，同时还要用温柔、平静但又很有信心的语气和他说话，张开他的嘴把药片送进去，一定要确保药片送进去的足够深，这样他就不能再把药片吐出来。将他的嘴巴合上停一会儿，再轻轻地敲敲他的喉咙以确保他把药片吞下去。

　　🐾 **猫咪小常识**

　　猫咪的眼睛可分为三种不同形状：杏仁形、圆形以及斜吊丹凤眼。

　　如果上述方法不可行，再推荐一套方案 B。可以在喂药时间将一些美味的食物（我们这里说的美味食物指的是顶级美味，比如说罐装的金枪鱼之类的）与药瓶的"哗啦哗啦"声联系起来，并以此刺激猫咪形成条件反射，吸引他向你走过来。如果他过来了就奖励给他美味吃。不要有剧烈的、幅度过大的动作，轻轻抱起他，把药片放进他的嘴里——你也可以坐在地板上，这样你就能更稳地抱好他。如果有必要可以把他裹在毛巾里，这样也可以避免他一旦挣扎起来抓伤你。

下面还有方案C供参考。这个方案相较于猫咪来说其实更适合用在狗狗身上，但是世界上总会有那么一些与众不同的猫咪。你可以把药片研磨成粉末，然后把这些药面埋在一大汤匙的罐装猫粮或者肉类食物里，或者也可以把这些药面裹在一团奶酪里。有些猫咪很喜欢那种装在管里的维生素营养液或是化毛膏，可以取出少量，再将药面混入其中，直接抹倒在口腔上壁。当然，首先还是向兽医咨询清楚，最重要的是要确认药物被研磨成粉末之后不会影响其疗效。

无论你选择哪种方案，在和猫咪说话时都要保持愉快的声调，记住多做几个深呼吸，这样可以避免自己的动作僵硬、紧张。如果考斯莫在服药过后就迅速跑开，先不要理他，你只管朝相反的方向走去，也可以待在原地读书或看电视都可以。你要做的是让他知道，吃药并不是什么大不了的事。

南瓜，一只超爱塑料袋的猫咪

每当有猫咪主人跑来对我说，他们的猫咪正在呕吐时，我必须要做一些检查工作以便做出准确的诊断。在这个病例中，当南瓜的主人向我宣布，"南瓜很喜欢吃塑料，特别是各个角落里的塑料购物袋"时，我的工作无形中也变得简单了。

获得了这样的信息之后，我把小南瓜放到了X光射线检查台上。很不走运的是，X射线是可以穿透塑料袋的，这也就意味着，这些塑料袋在X射线下是无法很清晰地显示出来的。但是，透过X射线我看到小南瓜的肠道内有一些异常气体模式，另外腹腔内似乎也不太对劲。我的判断是：南瓜极有可能吞下了某种造成他肠梗阻的异物，他之后吃下的所有东西由于都无法通过此处，所以只能都吐了出来。

呕吐物的气味说明，由于肠道内阻塞物的存在，根本无法使任何吞下去的食物转化为粪便，所以当食物进入肠道内撞到阻塞物时，只能又被猫咪吐了出来。我提到这个病例并非是要让你觉得恶心，而是要阐明一个观点，即有时某些看上去微不足道的临床观察——比如，呕吐物闻起来令人作呕——这些内容对于兽医来说极有可能是非常重要的诊断证据。

南瓜被收治进了我们医院，我们通过对其进行静脉注射液体为其补充水分，给他服用一些术前抗生素。在随后进行的手术过程中发现，其中一段肠道因为一处隆起而出现发炎的症状。于是我在此处做了一个切口，并找到了已经碎成片的塑料购物袋，之后我注意到另外还有两片稍小一些的塑料碎片，这竟然是从一包纸尿裤上扯下来的购物小票优惠券。

但是，塑料袋上到底有什么东西会对猫咪有如此大的诱惑力呢？有某些推断认为是猫咪喜欢塑料袋在他们舌头上的那种凉凉的触感，也有可能是他们舔或是触摸塑料袋时发出的那种声音吸引了他们。我听到过的最符合逻辑的一种判断是，因为有些塑料袋使用的原料是明胶，明胶是一种动物制品，有些猫咪就是被塑料袋上明胶的气味所吸引的。尽管这还只是一种理论而已，但我认为这是说得通的。

南瓜的病例极好地证明了：某种表面上的行为问题——比如，疯狂地吞吃塑料制品——可能会导致身体出现极危险的健康问题，如胃肠梗阻。南瓜的主人可能需要考虑给她的下一个孩子使用老式尿布了。

本部分内容由 DVM 的阿诺德·普洛特尼克提供

一勺糖（或金枪鱼）

谁说良药就一定苦口呢？和你的兽医联系一下，看是否可以将猫咪的药片混入一些有香味的、易于猫咪服用的液体中。现在有些制药厂家可以提供大约 12 种猫咪喜欢的香味，包括烤金枪鱼、烤小羊肉

以及安格斯牛肉等，这些香味可以应用在超过 350 种的兽医处方药中。

另外，制药厂商能够将诸如灭滴灵、氢化泼尼松等药品中的苦味剥离掉的同时完全保留其药效。有些用于治疗甲状腺功能亢进的药物还可以被制成凝胶贴剂，这样就可以直接贴在猫咪的耳朵尖处，通过皮肤使药物被猫咪直接吸收，而不必再像以前那样非要猫咪将药品吞下去。

下巴底下长了什么

问：最近当我用手摩挲我那只 3 岁的猫咪威廉的下巴时，摸到一些结痂的肿块，仔细检查才发现还有一些像灰尘一样的小黑头。我知道他身上并没有跳蚤，而且他一直非常在意自己皮毛的清洁。我很担心，他是不是患上了猫癣甚至是皮肤癌，但是兽医的诊断结果却是普通的猫咪粉刺。我从未听说过这种病，您能告诉我一些有关这方面的知识吗？

答：并不是只有十几二十岁的小年轻才会长粉刺——有些猫咪也会长粉刺的。用医学名词来讲：猫粉刺是一种角质化异常现象，也就是说，下巴上的毛孔被一些细胞碎屑堵住了，进而形成了粉刺。若对粉刺不加理会的话，这些被堵住的毛孔就会肿起来进而感染，最终会被挤破形成出血的痂，会增加损伤进而使皮肤形成局部斑秃的危险。长着白色下巴的猫咪看上去很像是长了一缕山羊胡子。

一些兽医方面的专家并不十分清楚到底是什么原因导致猫咪长了粉刺或黑头，以及如何能在猫咪中预防粉刺的产生。一些流传较广的理论将源头指向较为紧张的情绪、猫咪使用塑料碗、跳蚤叮咬、基因遗传倾向或是过敏症等各种诱因。猫咪粉刺可能只长一次，之后就会永远消失，也有可能会伴随猫咪一生。

> 🐾 **猫咪小常识**
>
> 猫咪出现皮肤瘙痒的主要原因包括过敏反应、跳蚤以及其他寄生虫的叮咬、糖尿病以及甲状腺功能亢进之类的疾病、外界环境过于干燥、饮食不当、毛发梳理不当以及细菌或真菌感染。

要想有效遏制猫咪粉刺的生长，需要猫咪主人与兽医——特别是皮肤科兽医——紧密配合。现在已经有各种各样的可有效治疗猫咪粉刺的药物，从非处方药膏到处方用药，应有尽有，但关键是要找到一种最适合你家猫咪的治疗手段。下面推荐几种最常见的治疗方法。

除虱梳。每天拿着梳子轻轻地在猫咪下巴处进行梳理，可以将那些干痂以及小碎屑都清理掉。

药用痤疮棉。每天一至两次，用这个药用痤疮棉在猫咪下巴上轻拍，这样可以防止下巴上的粉刺进一步恶化，也可以使猫咪下巴这一区域保持干燥，减少细菌的滋生。

泻盐敷布。每天拿一块常温敷布放在猫咪下巴处，使这部分的皮肤保持干燥，减少出现炎症的风险，然后在下巴处涂上维生素 A 药膏，有助于受损皮肤细胞的修复和再生。

医用香波。将香波倒在常温敷布上可以净化猫咪下巴处的皮肤，使原有的死皮脱落。但是，对于医用香波剂量的掌握，一定要先向兽医咨询。

过氧化苯甲酰凝胶。这类处方药通常含有 2%~3% 的过氧化苯甲酰。这种有机物能够深入毛囊，进而除去粉刺。注意：如果刚涂过过氧化苯甲酰凝胶的猫咪用下巴在家具或是地毯上蹭过，凝胶中的过氧化物具有漂白织物的作用。

口服抗生素类。如果猫咪的粉刺出现感染，可以请兽医开一些片剂或液体形式的处方药物。

我的一些兽医朋友最后还提了一些小建议：猫咪主人千万不要去挤猫咪下巴上的粉刺或小脓包——这种行为可能会使猫咪发生感染。

有目的的抚摸

与我们猫咪交流的一个最好方式就是触碰、抚摸。大多数猫咪都喜欢被抚摸、摩挲、挠痒，而大多数人也都非常享受摸着丝一般柔滑的皮毛的感觉，同时又看到一张开心、满足的猫脸。如果触碰、抚摸的方法得当，对猫咪以及人类的身心健康都是好处多多。

触摸的一个最佳方式就是按摩。每天为猫咪按摩有助于检查他身上是否有跳蚤和扁虱，还可以通过按摩查找猫咪身上是否有伤口或是之前未发现的肿块。按摩对于诸如关节炎之类的慢性病都有非常重要的治疗作用，尽管按摩并不是一种真正的治疗手段，但手法轻柔的按摩可以将富含氧气的血液输送到那些出现伤痛的患处，借此亦可减轻关节处的僵直和疼痛。

按摩还能使人和宠物之间的关系更加亲密，有助于控制和遏制宠物的攻击倾向以及其他一些不得体的行为，提高猫咪与人类以及其他动物之间的交流能力。还有一个好处：定期为猫咪按摩可以使猫咪对人类的摆弄以及处理动作更加适应，他们会将触摸与一些积极、正面的经历联系起来。通过人类为他们所做的梳理、刷洗皮毛、剪指甲、乘坐汽车出行、去见兽医以及参加猫展，排解掉心里的紧张情绪。

我们先从一种最基本的按摩手法开始，即"轻抚法"。这个法语单词的意思即为"流动或滑动"，或者是"在表皮上轻轻掠过"。轻抚法的手法一般是沿着静脉血流动的方向进行向心按摩，这种手法有助于清理体内的垃圾和毒素，更新体内的组织和肌肉。以猫咪的腿部按摩为例，就应该是从脚趾头向膝盖和髋部按摩。

下面是几项按摩过程中的建议。

按照按摩路线进行。 这种最常见

的按摩手法是一种直线进行的、流动且不间断的行进方式。用你的手指和手掌沿着猫咪的头部顶端开始按摩，一直向下行进至尾巴处。

转圈按摩。你的手指尖以顺时针或逆时针方向围绕一个圆进行转圈按摩，这个圆大约有 50 美分硬币大小。

做波浪形按摩。手掌打开、手指伸平，进行左右摇摆式的按摩（即模仿雨刮器的运动）。

用手轻拂。这个动作就好像是你在用手拂去桌子上的碎屑，你可以只用 1~3 个手指拂动。

使用真正的摩擦动作。用手指轻压，沿着猫咪身体缓慢移动，看看猫咪会做出何种最佳反应。

小心地揉捏。这种轻柔的抚摸是用手掌以及五根手指一起做一种"一开一合"的动作。这种按摩手法最适用于猫咪脊柱部位的放松。

最后还有几个小建议，能够使你和你的猫咪在按摩的整个过程中——无论是按摩的还是被按摩的——都可以既平静又心满意足。

■ 慢慢地向猫咪走近，与此同时要用平静的语气和他说话。

■ 不要强迫猫咪做按摩。

■ 如果你感觉情绪紧张或是有些慌乱，就不要给猫咪做按摩。

■ 你的双手要先洗干净——不要沾有油脂、乳脂或是洗涤液。

■ 在按摩过程中要仔细观察猫咪的反应。看看是否有下列反应：发出满足的"呼噜呼噜"声，身子滚到了一边，爪子不停揉捏，眼睛冲你温柔地眨着。如果猫咪扭动着身体想要躲开你，发出不满的"哈哈"声，扭动背部从你手中往回退抑或是发出反抗的"喵呜"声，一旦有上述情况出现，就一定要先停止按摩。

■ 不要太过用力——否则有可能伤及猫咪。

■ 不要奢望能够用按摩来代替必需的药物治疗，就能治好一些类似于关节炎的慢性疾病。按摩只是兽医制定的治疗计划的有益补充。

第六部分

猫咪生活的里里外外

你家的猫咪是"潮男"或是"潮女"吗？不，不是这个意思。我并不是想问，"他是不是一只很'酷'的猫咪"，而是想问"他生活得安全不安全"。生活得安全的猫咪都住在室内，而且不会在没有主人照看的情况下去户外游荡。

时代已经不同了，仅仅还是上一代，绝大多数的家养猫咪都还可以随心所欲地跑到自己感到好奇、很想一探究竟的地方。我童年时代的猫咪考基，曾经整晚待在外面，直到他的腿被一辆车的散热器风扇叶片划了一道大口子，他才一瘸一拐地回到家。他当时爬到了汽车引擎里，还在里面找了一处很暖和的地方打盹，这也是他最后一次独自外出的经历。

猫咪们其实现在仍然喜欢偷偷溜到户外，但很多主人宁愿选择让他们待在屋里。待在室内的猫咪也能生活得很快乐，待在窗边开心地看着外面的景致，在特别为他们准备的"猫树"上爬来爬去，玩着各种百无聊赖的玩具。你是选择自由还是安全呢？选择当然是要由你来做出，但是请先了解一下我的观点吧。

你和你的猫咪都可以用一种开放的心态来读这部分内容，或许你可以借此找到一些真正适合猫咪的生活方式。如果你的猫咪令你抓狂，你可以找一找有关"猫咪占了你的床"、"教一只老猫玩几个新游戏"以及"带（或不带）猫咪一起去旅行"这类问题的答案。

猫咪霸占我的枕头!

问: 我的小猫咪贝贝白天是只深受人喜爱的小冒险家,可到了晚上她就变成了一只"枕头猪"。一到就寝时间,当我还在刷牙时她就会出现在我的床边。而当我刚钻进被窝,她就爬了过来并在我身边蜷成一团。半夜时分我正在酣睡之际,她已经霸占了我的枕头。她径直朝我走过来还把我吵醒。我喜欢她睡在我的床上,但我该怎么做才能让她把枕头还给我,这样我也能睡个安稳觉了?

答: 提到你和你的猫咪共同睡在一张床上,这说明你并不孤单。现在,大约有 1/3 的猫咪主人是和她们的爱猫睡在一起的,这一点儿也不奇怪。爱宠们毛茸茸的身体和令人安详的"呼噜"声能够帮助人们平静地进入梦乡。一项在梅奥诊所睡眠障碍研究中心进行的研究发现,那些让宠物睡在他们床上的爱宠主人中,大约有一半人的睡眠会在半夜被爱宠打断,这就导致了他们每天早晨都感到疲惫不堪。研究人员同时还发现,很多人是如此在意他们的爱宠,为了能够让爱宠睡在他们身边,他们宁愿忍受睡眠不足的折磨。

我必须承认对此我深感惭愧——我的猫咪们通常只是趴在我床尾的 1/.3 处,但是由于我习惯仰卧,所以猫咪的理想睡姿只能是抵着我的脚踝或小腿打瞌睡了。幸运的是,我和猫咪们一般都睡得很沉。一旦找到一个理想的睡觉位置,他们都愿意一觉睡到大天亮。

在你所描述的情况中,听上去贝贝可能是一只比较专横的猫咪。她自认为有权想睡在哪里就睡在哪里,而完全没有在意你才是家里的"老大"。尽管她的确很可爱，但是你需要重新拿回对床和枕头的控制权，要为贝贝重新划定床上属于她的范围。可以先这样做：把床尾布置得更有吸引力，给贝贝弄上一套属于她自己的长毛绒枕头或是柔软的羊毛毯子，放在床尾。如果贝贝躺到了床尾，你就可以表扬她，但是在你上床之前，一定要坚持让她睡到床尾去。或者，可以把贝贝的枕头放在你的旁边，以此来稍做妥协。

为了使你的枕头对贝贝没有那么大的吸引力，可以考虑在你的枕头上浅浅地喷上一些有柑橘类水果味（当然还要你觉得好闻才行）的喷雾，猫咪对于这种香气可是没有好印象的。如果她在半夜里吵醒你，你要么把她放到床尾，要么直接把她放到地板上。在这样被驱逐了几次之后，绝大多数猫咪都会明白要开始适应新的卧室条例了。

你可能还需要再牺牲几个晚上的安稳觉，来教会贝贝要睡在没有枕头的地方，我想她很快就会意识到，在你的床尾有那么一大片舒服的地方可以睡觉呢。做个甜甜的好梦吧！

圣迭戈夜无眠

每天晚上，鲍勃·沃克和弗兰西斯·穆尼都会和多达 8 只的猫咪一起睡在他们位于圣迭戈家中的那张双人床上（有关这对夫妇创建的猫咪乐园的事迹，可阅读本书第 206 页的具体内容）。

沃克说，他经常是蜷成一团睡觉的，而一只猫咪还分享了他的枕头。他甚至能做出柔术表演者才会做的动作，只是为了不吵醒正在他腿上酣睡的猫咪。

当他听说了那项在梅奥诊所进行的有关宠物是如何导致人类患上失眠症的研究之后，他表现得很是泰然自若。"如果你能让你的猫咪生活得很快乐，少睡点觉又有什么关系呢？"他这样反问道。"我都不记得我上一次睡够 8 小时而没被吵醒是什么时候了。在我看来，如果你一直能安安稳稳地睡觉，你就不是一个真正的爱猫人士。"

哈哈，美妙的宅生活

问：我的猫咪布鲁诺，是一个体格健硕的大块头。他非常友善且脾气相当随和。从他还是一只小奶猫时起，只要对周围的环境发生兴趣，他都会搞个"探险活动"。我们家有块大约一英亩的小树林。布鲁诺现在差不多有10岁，不过他似乎长得稍显慢一些。我们这里的冬天很冷，气候十分恶劣。此外，我们这里最近房地产发展迅猛，这也使得我们这个街区的交通变得更为拥挤了。基于上述这些原因，我更愿意让布鲁诺变成一只生活在室内的猫咪。请问，有什么好方法能够让我达到目的而又不会使布鲁诺感到心烦意乱？

答：你当然不希望布鲁诺表示抗议。你只需提醒自己，你之所以这么做，完全是出于对布鲁诺发自内心的爱和关心。你给予布鲁诺的是你能给他的最好的礼物——一个更为长久、更为健康的生活。

我看得出，你已经评估出了几项"猫咪恐惧要素"。你认识到，布鲁诺的年龄以及愈加恶劣的气候，还有逐步升级的交通拥挤状况，所有这些都在增加喜欢四处游荡的布鲁诺因此受伤或生病的危险。而如果布鲁诺生活在室内，你就不必担心他是否会在外面和其他流浪动物打架而受伤，或者是否接触过有毒的庭院植物养护产品或防冻液，又或者他是否染上了诸如猫白血病之类的致命传染病。

起初有些歉疚感是很正常的，你很可能就此认定，布鲁诺会觉得他自己的自由被你剥夺了。他很可能会以某些不可接受的方式——比如说，利用小便做标记，冲着大门嚎叫，用爪子挖你的沙发——将情绪发泄出来。

为了避免布鲁诺会出现这些不好的行为，你需要让他的室内生活环境变得比他经常去游荡的室外更加刺激、更有吸引力。一只经常在户外的猫咪运动更多、感觉也更为敏锐，所以你也需要改变其原来适于户外的视觉、嗅觉以及听觉，布鲁诺差不多有 10 岁了，但是他很可能在很多地方还稚气未脱。所以他需要每天做运动，和你玩一些具有互动性的游戏，这样才能让他感到开心而不会一直留恋过去的户外游荡时光。可以充分利用一些诸如有猫薄荷味的玩具老鼠、逗猫棒以及羽毛棒等玩具，借此挖掘出布鲁诺身上所拥有的顽皮的捕猎天性，通过追踪、搜索、捕猎等游戏能够为他提供一个适当的宣泄情绪的出口。找一些可以让他自娱自乐的玩具，比如一个圆形轨道里的小球，或是一个你拴在门口的弹力绳上的老鼠，还可以把好吃的塞进一个他经常把玩的空心玩具里，这样在他玩的过程中食物就会从玩具中掉出来。

如果他对看电视表现出了浓厚的兴趣，你可以给他买几套专门为吸引猫咪注意力而制作的自然科普类的电视节目。还要给布鲁诺提供几处可以磨爪子的地方，以及一处坚固且舒适的、可以趴在上面看到外面风景的窗台。把几个比较坚固的猫爬柱摆放在你们俩都会常待的房间里，比如起居室和卧室，再装上一个稳固的窗台，猫咪在这个窗台上能够远眺到某个捕鸟器或是一棵本地松鼠经常喜欢光顾的大树。

有关猫咪居室装饰的最新趋势是一种室外围墙，这种设施可以让猫咪能够安全地享受到户外活动的乐趣而绝没有在户外受伤的危险。猫咪围栏也是一个不错的选择（见本书第 203 页中"把户外空间带到室内来"）。

如果布鲁诺开始站在门口大声地向你提要求，你本能的反应会是冲着他大喊，让他安静。这一点也没用，你们两个只会陷入一场"比比谁喊得更大声"的竞赛中。然后猜猜结果会怎样？你会输的。所以，你要做的不是冲他大喊，而是根本不要理他。一开始很不容易，你的耐心也会经受考验。当他安静下来几秒钟后，再呼唤他过来，喂他一点食物，搔搔他的下巴或是和他玩一个小游戏。最后，当他意识到你不会再听命于他时，他的嚎叫就会逐渐平息下去。

另外，我还想指出这种强行改变猫咪习惯的行为——将室外猫咪改变为室内猫咪——会产生的问题。如果布鲁诺已经习惯于自己在户外解决排便问题的话，你就有必要教会他如何使用猫砂盆。我建议你将布鲁诺的活动空间暂时限定在一个狭小但很舒适的房间里，持续时间在一周左右。给他放上一个猫砂盆，你要记得每天清理，将他的饭碗、水碗以及猫窝放在房间另一侧正对着猫砂盆的位置。理想情况下，这个房间应该有一扇可以让布鲁诺向外张望的窗户。可以放一些音量较小的音乐，每天花上些时间和他玩一会儿，多抱抱他，还要确保他有很多玩具可以自娱自乐。

你无法要求大自然母亲减慢前进的脚步，同样你也无法阻止社会的进步，但是你可以在属于你自己的家里采取一些必要的措施，让这个家对于布鲁诺来说能够更友善、更亲切。

养在室内是最好的

生活在室内的猫咪比他们生活在室外的同胞拥有更长的寿命。美国人道主义协会的统计数据表明，生活在户外的猫，平均寿命只有 5 岁。而生活在室内的猫，大多能活到十岁，有的寿命甚至可以达到 20 出头。

不过还是有一些生活在户外的猫咪能够健康长寿的，他们要面临更多的危险。生活在户外的猫咪需要面对不断增加的伤病危险，很多猫咪都过早地丧生于车轮之下或者死于其他动物的攻击。

通过访问俄亥俄州立大学兽医学院建立的室内猫咪首创网站，了解有关如何才能使猫咪成为欢乐的"宅一族"的更多知识。

关于手术除爪的讨论

对于不愿意使自己的家具或者皮肤遭受抓挠之苦的人来说，手术切除猫咪的爪子是非常容易做出的决定，但是对猫咪来说却是一次极不愉快的经历。不客气地讲，给猫咪手术去爪，就像是切掉除去你的手指尖一样。没有了爪子，猫咪就无法享受到抓挠的乐趣。在户外的时候，会因为没有保护自己的武器而容易受到伤害，也没法爬到树上躲避危险，所以，所有被手术去爪的猫咪都必须严格地将行动范围限制在室内。

很多年前，手术去爪似乎成为一揽子服务的项目之一。当猫咪被送到诊所进行绝育手术时，前爪的指甲就会被手术切除。我的猫咪"小家伙"就是这样，因为我想要的是养一只生活在室内的猫咪，我的兽医没有和我进行详细讨论就这样做了，而所有这些是在我知道去爪后果之前发生的。

在 2003 年，美国兽医学会（AVMA）对兽医们提出建议，请他们知会客户手术的替代方法和所有手术的附带风险。国际爱猫者协会（CFA）对现有的去爪手术并不推崇，因为这一手术是完全没有必要的，而且对猫咪没有任何好处。有些猫咪爱好者则认为去爪会对猫咪的行为产生不利影响，但是还没有得到科学研究的证明。

谁也不喜欢自己的家具上出现划痕，但是不要因为哪只猫咪因天性使然、运用自己的爪子就把他送到动物收容所。可以给他们提供包括每隔 2~4 周将前爪的指甲进行修剪，用乙烯基指甲套保护猫咪的指甲，为猫咪准备抓挠柱和其他受他们欢迎的家具进行抓挠。

因为孩子和老人的皮肤相对较薄，所以他们受伤的可能性较高，而免疫力却相对较低，在遭到猫抓后容易被感染，那么去爪可能会被证明用来维护人猫之间的关系还是有用的。如果所有替代方法都不成功，猫咪最好是待在家里而不是被你送到收容所或者被丢弃。

最后提醒：即使除爪手术极少时候可以作为替代方案，但 CFA 和 AVMA 仍然不推荐主人采取这种非人道手术。

解决抓挠的方法

问：我接受这个事实——猫咪需要进行抓挠。我的问题是，我没有为小猫咪找到合适的抓挠柱。我试过一个打折买来的小抓挠柱，但是猫咪总能够把它打倒。随后我在集市上买了一个大家伙，并把它拖回家，可是猫咪闻了闻，不理它。我不想一直这么浪费钱财，但是我也不希望我的家具被划花了。为什么她这么挑剔？

答：听起来好像是猫版的《3只小熊》。不过你的猫咪的行为是相当正常的。原因在于，她拒绝第一个抓挠柱是因为这个太轻太小，无法适应她的重量或者肌肉力量，就好像是你在一家餐馆里吃饭的时候，坐的却是专门为学步小儿提供的儿童专用椅。

第二个选择的问题在于"跳蚤市场上买来的东西"。你觉得买一个二手爬架树就可以解决问题，但是猫咪很快就闻到了上面有前任使用者的味道。猫咪通常都不喜欢和陌生猫咪分享，你的猫不碰这个柱子的行为就向你明确表达了她对这个柱子的蔑视。

在你准备采用第三个选择之前，花一点时间观察一下猫咪是怎样寻找抓挠柱的。她是去抓高高的沙发扶手还是在地毯上进行伸展动作呢？利用她的习惯为她做出最佳选择。

水平表面应该足够大，足以供两只爪子进行抓挠，要足够稳固，在使用的时候不会出现移动。很多猫咪都喜欢有瓦楞的纸板抓挠用品，而且这种用品的价格并不昂贵。

如果是垂直的柱子，就要确保基座非常沉重，而且要足够宽以承受猫咪的重量。抓挠柱必须足够高，使猫咪在用后腿站起来的时候，前爪也能够在柱子上抓挠。这样的一个柱子的高度至少应该有80厘米。如果柱子在你指戳之下发生摇摆或者移动，它就不一定在猫咪使用的时候能够稳定。

你还需要评估哪种质地的材料才是对猫咪最有吸引力的，有的猫咪更在乎触觉，例如麻（绳子）、树皮或者木材。其他的猫咪喜欢有节、编织纹路疏松的材料。有些猫咪则喜欢设计简单、用毯子或者木板制作的柱子，有的猫则喜欢挂着玩具或者吊有绳子的抓挠柱或者"猫树"。在购物的时候，可以挑选满足猫咪喜好的柱子。

把抓挠柱放在猫咪经常停留的地方。为了增强它对猫咪的吸引力，可以在上面撒一些新鲜的猫薄荷。把柱子放在不同的房间，让猫咪有不同的选择。

作为《猫薄荷》的编辑，我负责监督对产品的检测。每个月，都有一队承担检测工作的猫咪（或者奶猫）和志愿者对各种为猫咪设计的产品进行评估。当我们对抓挠柱进行分类的时候，胜出的产品通常都是那些能够体现出非常好的稳固性、能够恰当地配合沙发扶手、既可以水平使用也可以垂直使用的抓挠柱。

每一只猫都应有属于自己的设备来磨尖他们的爪子，所以在购物的时候，你需要从猫咪的角度进行思考。现在不是买便宜货的时候。最后，你可以通过选择在将来几年中适合猫咪使用的抓挠柱来拯救自己的沙发和你的头脑。

配备一只猫咪

问：多年以来，我丈夫和我养的都是狗。我们现在快退休了，而我们养的狗狗最近也去世了，对此我们都有心理阴影，想着最好不再养狗，但是我们还是想养一只宠物。我们决定收养一只猫，在把新朋友带回家之前，我们需要做些什么准备工作呢？

答： 为在二位进入金色年华之际，意识到猫咪更适合你们的生活而向你们致意。猫的需求与狗狗相比确实是大相径庭，尽管在某些方面是相同的。作为入门者，你的购物车里要放进两个猫砂盆、结团砂、粪便铲、饭碗、水碗、防逃脱项圈、身份牌（上面写着你的电话号码）、刷子、梳子、指甲剪、适当的食物（视猫咪的年龄而定）、零食、稳固的抓挠柱、舒服的床、链子、护具，最重要的是，玩具。

要选择安全的玩具，不要买那些有零碎部件如假眼睛的玩具，因为猫咪可能会将这些东西咬下来，吞下去。更好的选择是购买能够激发猫咪捕猎本能的玩具，例如捆着羽毛的逗猫棒、老鼠手套（有长长的、晃来晃去手指的织物手套）以及零食球。

对每一个房间进行巡查，并且要保持警惕防止任何会对猫咪造成伤害的东西出现。特别是注意不要遗留任何牙线、纱线球、缝衣线或者其他猫咪可以触及的东西（在圣诞假期的时候，还要特别注意金属箔）。这些东西会被好奇的猫咪吞下去形成肠梗阻或者消化掉，可能造成致命的内伤。

最开始的投入可能会让你觉得有点吃惊，但是当你有了这些基本的设备，每个月的支出在猫咪到来的时候就不会很高。我最后的建议就是考虑购买一项宠物保险。就算是你的猫咪要在户内度过健康长寿的一生，你也无法预测伤害和疾病何时会来袭。保护猫咪——还有你的钱包——在猫咪还小的时候，投保金额较低的时候购买宠物保险就可以了。

愿望：能够看得见风景的房间

问：我的猫咪查克是个乐天派。他喜欢在房子里玩耍，跑来跑去，他还总想把自己巨大的身体挤进起居室狭窄的窗台上，他总是跳上去然后又掉下来。楼上的书房有一个窗台，足够让查克坐在上面，但每次我把他放在那里的时候，他又跳下来。为什么他总是想要坐在对他来说明显太窄的窗台上呢？

答：查克知道哪里才有观察邻居们户外活动的最佳视角。猫咪们非常好管闲事，他们喜欢花上很长时间看后院发生的事情以及邻居家里发生了什么。查克显然是在告诉你，他想要知道起居室窗户外面发生的事情，他可以看见比在楼上的窗台上更多的鸟、松鼠或者其他动物。

比较容易的解决方案——人们可以将其结合到房屋的装饰之中——可以用壁架支撑猫咪的身体。别担心。你不用在石膏板墙上钻孔或者打洞，很多稳固、风格独特的窗户壁架通过吸盘或者胶带就可以固定。这种壁架可以用长毛绒或者驼绒织物进行覆盖，颜色也可以丰富多彩，织物可以用洗衣机进行清洗。

如果你不希望在窗台上增加一个猫咪观景台，可以考虑在他最喜欢的地方放一个有平台的柱子，这样查克就可以舒服地坐在那里了。另一个解决的办法就是用一张餐桌椅，用毛巾保护好上面的装饰和衬垫，这样做可以在客人来访时，轻易地移除，也可以在第二天猫咪想看的时候及时准备好。

在起居室为猫咪准备一个舒服的位置，

让他独自在家的时候对邻里进行巡视，他也会少做一些你不喜欢的行为。当你在家的时候，他甚至会招呼你一起来看一只平时很少见的鸟儿，或者邻居运动时穿的有趣的袜子。

冲出门去

问：不论是我走进家门还是开门去车库，我家的大黄虎斑猫莫瑞斯都会站起来准备好要冲出门去。他是一只肌肉发达、冲劲十足的猫咪。有时候，我都没办法抢在莫瑞斯溜出来跑到车道上之前打开车库门。他应该是生活在室内的猫咪，所以我必须追上他，把他带回家里，这需要花费很长时间。我怎样才能不让莫瑞斯冲出门去呢？

答：是什么让一只生活在室内的猫想要溜到门外去呢？莫瑞斯可能闻到、听到其他的同类了，特别是在交配的季节，或者他只是对从窗台上看到的树、草（更不用说鸟了）感到好奇。显然，他不愿意当一个"宅男"，他不理解为什么自己待在室内才是安全的，他还觉得能够凭借自己的体力摆脱你的控制。

你可以教育莫瑞斯在家里一个规定的地方，在你回家或者离开家的时候和你见面、打招呼。练习把莫瑞斯引到你最喜欢的地方，例如窗台或者猫爬架下，然后在那里和他说再见。在你出门的时候，给他一点零食或者猫薄荷。如果他喜欢追逐，就拿一个小纸团，在手里揉来揉去，发出能够吸引他注意的"哗啦哗啦"声，向你出门的相反方向抛出去，或者用他的玩具老鼠来分散他的注意力。还有，你可以选择不同的门出去，猫咪没法等在 3 个不同的门边。记得要把车库大门锁好，这样就算是莫瑞斯变成了胡迪尼（一位大魔术师），你也能够很容易地把

他抓回来。

在你回家的时候，要关好车库的门。走进房子的大门，不用理睬一直等在那里的莫瑞斯。走向选好的地点，呼唤他过来，向他问好，给他零食。这样做的目的是在你离家或者回家的时候，刺激莫瑞斯离开门口，作为交换，他可以在窗台下或者猫爬架下得到一些美味的零食。

另一个方法就是彻底打消他靠近门口的想法。我的一个朋友养了一只渴望户外生活的猫咪，她也遇到了相似的问题。她在出口两边各放了喷水枪。当她离开或者回来的时候，她就会放低枪口，喷在猫咪的胸口部位，让猫咪无法提防，因此猫咪也就没法站在距离那个门比较近的地方。只要注意瞄准不要把水撒在莫瑞斯脸上就可以了。能够发出噪音的振动器（你可以用空汽水罐，里面装一些硬币，封好口），或者用拍手发出很大的声音也可以让他离开门口，你可以利用这段时间离开。

为了满足猫咪渴望户外经历的需要，你可以安装一个带窗户的围墙或者带他出去散步，给他戴上拴好牵引绳的护具，让他闻闻或者寻找出街区里发生了什么事情。如果你采用的方法步骤得当、奖励及时，很多猫咪都会对牵引绳习以为常（了解更多信息，见第221页中的内容"这样散步"）。

如果莫瑞斯真的逃跑了，不要在他回来的时候责骂或是惩罚他，这样做只会让他感到困惑或者抑制他回家的想法。

对风水的研究

问：我想抓紧时间把家里简单装修一下，以适应4只在室内生活的猫咪，他们的年龄从2岁到10岁不等。他们彼此相处融洽，但是我觉得他们在我出门工作的时候会觉得有点无聊。他们的睡眠时间很长，需要多做一些运动。不过，我不想花费很多钱把我的房子变成——怎么说呢——猫房，我不想让人们觉得我是一个疯狂的猫咪女士，也不想在将来可能要卖房子的时候无人问津。在适合猫咪的设计方面，您有什么建议吗？

答：你的 4 只猫咪有你这样一个主人真的很幸运。别担心，你绝对不是一个疯狂的猫咪女士。实际上，你的行为体现出两个词：关心和考虑周全。你可以把自己的家变得对猫咪更有吸引力，但是又不会吓跑将来的买家。

如果你现在有钻头和锤子，你可以在墙角安装一个稳固的架子，让猫咪们高高地趴在上面，而不用沿着整个墙面安装一个猫咪走道，这样做会完全改变房子的面貌。你可以在书架的角落斜靠一个覆有麻织物的木板，或者在小房间、娱乐室等地方准备一个落地的柱子，上面用麻织物缠绕一部分，这样猫咪就可以像消防队员那样，在柱子上爬上爬下了。

即使你不愿意在墙上钻洞，也可以把房子改造得既能够满足猫咪的需求，也可以当作一个时尚陈列柜。可以从市场上买到适合的产品，比如和房子风格相匹配的又大又柔软的枕头、猫屋、漂亮的猫碗和水碗和猫厕所。

> 🐾 **猫咪小常识**
> 一群小奶猫称为 "Kindle"，而一群成年猫则被称为 "Clowder"。

最后，你还可以利用家中猫咪必需品的特征使这些物品"隐身"。爱丽丝·穆恩－法尼利为一位客户进行了室内设计，这位客户的猫咪总在猫砂盆外排便，甚至在壁炉里排便。这位客户不想把猫砂盆放在起居室里。在进一步了解之下，穆恩－法尼利博士知道了这个壁炉不能正常工作，也从来没有使用过，所以她建议客户把猫砂盆放在壁炉里，外面用装饰性的壁炉挂件挂好。猫咪的需要得到了满足，客户也没有再抱怨猫咪又在错误的地方排便。

这就是你放飞梦想的开始，也不会花费多少钱财。你可能还会想出一些对你家里的"神奇四侠"更好的室内装修方案。

把阿比西尼亚猫带到新家

艾德娜和艾尔正在焦急地等待着一只名叫小恶棍的 16 周大的阿比西尼亚猫的到来。他的饲养场发来的照片、特殊的猫砂、食物和照顾守则，帮助这只小猫加入这个已经有了 2 只猫的家庭。因为知道被已经安顿下来的猫接受是比较困难的，所以我制定了一个多阶段的引入过程。

艾德娜的最爱"王子"是一只已经做过绝育手术的 8 岁阿比西尼亚公猫，他有点唯我独尊，精力充沛。"老妇人"则已经 19 岁了，身体比较虚弱，显得老态龙钟，她更喜欢趴在主人膝盖上闭目养神，享受安排好的生活。他们和各自主人的关系要比彼此之间的关系更加深厚。

一只社交技巧超群、4 个月大的阿比西尼亚猫总是非常自信的，他在遇到新的猫朋友和人类朋友的时候热情非常高涨。可是成年的安顿下来的猫咪并不会主动欢迎新来的，和他们生活在野外的近亲相似，家猫也会表现出防卫意识，地盘特征需要在出现新加入者的时候不断进行加强。

即使是在经过了长途飞行和乘车之后，小恶棍在到达新家之后，还是玩心很重。在浴室里，夫妇俩为他准备了舒适的毯子、玩具、猫砂和食物，但是小恶棍一下子跳到台板上，当她在镜子里看到另一只猫咪的时候，被惊了一下。我制订的介绍步骤的第一步——准备一间"安全房间"——猛然之间变成了一个灾难，避免他被吓得发抖，我们将报纸遮住镜子以阻挡她的视线。

小恶棍平静下来之后，我们准备好了第二步，那就是在接下来的几天里进行气味的交换。在这个步骤中，要让安顿好的猫咪在"安全房间"里仔细闻小恶棍的运送箱和她的毯子，而此时奶猫则在房子里熟悉其他的房间。

第三步要做的就是让安顿好的猫咪和小猫通过玻璃门彼此对望。两只猫咪发出了几声"哈哈"声，但小恶棍还是因为看见了另一只阿比西尼亚猫而觉得有点吃惊。她高兴地跑来跑去，跳到厨房的台板上，最后还掉进了另一只猫的水碗里。从那时开始，她就不再满足于安全房间内的生活了。

最后一步——接触。抱来家里原来的那两只猫咪，这样他们就可以仔细地闻闻小恶棍，并欢迎她的到来，当然，小恶棍的行动也受到了一定限制。年长的母猫丝毫没有表现出兴致，但是她的后退表明了防御心理。而公猫好像有点不太高兴，但还是避免了对小恶棍的猛击。最后，因为进餐对大家注意力的分散，他们三个还是能够和平相处的。

今天，这三只猫并没有成为最好的朋友，但是他们还是能够和平共处的。对小恶棍来说，她的性格完全体现了阿比西尼亚猫的性格，喜欢坐在真空吸尘器的盖子上，被主人推着满屋子跑。

把户外空间带到室内来

问：我的猫咪简直要把我逼疯了！几个月前，我从当地的动物收容所发现他，然后就收养了他，他大约1岁。我想让他成为一只生活在室内的猫咪，但是他总是想跑到外面去。我在开门的时候必须非常小心，一不留神他就会跑出去。我的房子有一个后院，但是如果把整个后院都架起围栏的话，费用太高了，我无法承担。我想训练他戴着牵引绳出去散步，但是这简直是个灾难。还有什么别的方法，能够满足他对户外的渴望，而又非常安全呢？

答：很明显，你的猫咪渴望的是户外的景色、声音和味道。在你收养他之前，他很可能就是生活在野外的，所以你不太可能说服他适应室内的生活。你不满足他的要求或者锁门的措施引发更深层次的行为问题，"只能生活在室内"的生活方式会对他造成更大的压力和焦虑，所以需要你采取一些措施分散他的注意力。

很多创意公司设计了多种多样的户外封闭空间能使猫咪体验到户外生活的同时又能降低风险。这些产品的价格依规格的不同会有所变化，从封闭窗户的框架到放在后院中能够当瞭望台的笼子，应有尽有。有些是独立的，有些可以固定在房子上，猫咪可以通过活动猫门走进房子。所有这些封闭空间的设计目的都是为了在保证猫咪安全的同时，让他们享受在户外的时光。

这些模型可能会占据支出中相当大的一部分，但是如果能够让你的猫咪发泄一下他对房子外面世界的渴望，从而更加平静、更加欢乐，这笔支出还是非常值得的。哪怕那种窗户框架，也可以增加猫咪从阳光中吸收维生素 D 的机会，而且猫咪还不会受到掠食者的伤害，例如狗和胡狼。

> 🐾 **猫咪小常识**
>
> 艾萨克·牛顿爵士不仅提出了万有引力定律，他还发明了猫咪门。

更精巧的户外封闭装置还包括可以占据后院相当面积的封闭空间。在这些设计内部，你的猫咪可以非常安全地在草地上玩耍，爬树，追逐虫子。你还可以把准备好的抓柱和猫爬架放在里面让猫咪攀爬、磨炼爪子，也可以在上面的窝里小憩一下。

不论选择什么样的封闭空间，都要考虑到安全的问题，要确保这个空间能够和房子相连接或者在视野清晰的范围内。这个封闭空间应该有阳光明媚的地方也有阴影区域，有新鲜饮用水，同时还要符合你所在地区的城市景观相应法律法规的要求。

玩耍的力量

问：我有两条狗，他们喜欢和我一起玩。可是我的猫咪曼迪，只愿意在一边旁观。当他们长大之后，猫咪还真的喜欢玩吗？他们需要玩耍吗？曼迪好像就是喜欢坐在我的腿上、梳理自己、吃东西和睡觉。我是否应该关注一下呢？

答：成年猫不是毛茸茸、容易积灰的家具，和狗一样，猫咪想——也需要玩耍。所有的梳理、打盹和进食都让曼迪变成一只迟钝的猫。我非常赞成出于某种目的让猫咪进行玩耍，教会猫咪有效地玩耍可以提高她的社交技巧和身体素质。玩耍可以使猫咪保持心脏健康、关节灵活、肌肉强壮，玩耍同样让猫有机会练习捕猎和打斗的技巧以及增强他们与你之间的情感交流。让猫咪保持活跃可以防止他们发胖，经常锻炼也可以使猫咪保持警觉。

小猫在妈妈的监督下，通过玩耍学会猫咪的基本行为。玩耍的基础分成了两部分：源于社会的和源于目的的。社交玩耍要有其他猫咪、家里宠物的参与——比如你家的两只狗狗——还有人。源于目的的玩耍则需要有玩具或者其他工具以磨炼猫咪的灵巧性。

> **猫咪小常识**
>
> 捕杀老鼠最多的猫咪的记录是一只名叫陶瑟的苏格兰斑纹猫保持的。在其
> 21 年的猫生中，共捕杀了 28899 只老鼠，平均每天捉 4 只。陶瑟于 1987 年
> 去世。

虽然有些猫咪天生就擅长玩耍，而曼迪似乎还需要一些鼓励，一种方法就是使用正确的玩具。我的兄弟凯文有满满一柜子的玩具，都是他的猫咪拉格的，其中包括乒乓球、用线穿着的填满猫薄荷的老鼠，还有各种用纸和金属箔做成的小团。像很多玩心很重的猫咪一样，拉格会通过摩挲凯文的腿来要求开始游戏，然后就会冲出去。其他玩耍的暗示还包括用爪子触碰他的胳膊并进行持续的目光交流。

把对猫咪持友好态度的狗狗也列在帮助猫咪锻炼的名单中。试着在狗狗的项圈上绑一根很长的绳子，当狗狗在屋子里走动的时候，他就会拖着绳子在地板上走，这应该可以激发曼迪蹦跳的冲动。记住，对猫咪而言，这些都是与运动有关的，他们喜欢捕猎、潜行、追踪挥动的物体。只要确保狗狗当前是一种游戏的心态，并且是喜欢猫咪的古怪姿态就可以。从安全角度出发，这样的游戏一定要进行密切关注并确保游戏结果是皆大欢喜才为宜。

一定要坚持并一直鼓励他们。变成一只喜欢玩耍的猫咪，可能会让曼迪花费一些时间。要表扬曼迪并且保持欢乐的氛围，这样曼迪就知道这是和你相处的特别时间。当曼迪把你看作是猫咪游戏女王，并且觉得她和你的两只狗狗一样，是你值得信赖的伙伴，你就会发现她性格中令人惊讶的新的一面。

猫咪设计大师

我的朋友鲍勃·沃克和弗兰西斯·穆尼和 12 只获救的猫咪一起住在圣迭戈的家里。尽管相当拥挤，但是这些住在房子里的猫咪并没

有出现摩擦或者留下尿迹，因为鲍勃和弗兰西斯为他们创造了一个梦幻之地。这对夫妇非常有才，张开双臂欢迎猫咪，他们利用廉价的材料为这些最好奇的猫咪建造了一个丛林体育馆。

这里到处都是猫，幸亏有了落地的抓挠柱、猫通道、斜坡和栖息小洞。长达 400 英尺的麻绳缠绕在柱子和落地壁架上，猫咪们可以在上面心满意足地打呼噜。一个用涂漆的复合板做成的"高架公路"在房子里曲曲折折。墙上还挖了很多洞，让猫咪们在房间中穿行，明亮的色彩和有趣的细节都增加了独特的观感。

在他们的大作《猫咪的房子》里，鲍勃和弗兰西斯和大家分享了如何建造斜坡、猫咪通道和其他猫咪特色的设备。每年，他们会向造访者开放，并向当地的猫咪保护协会提供帮助。

在这幢房子里，不用担心沙发被挠花了、一只袜子找不到了，房子里有很多让这只虎斑部队耗费精力、投入情绪、酷极了的家具。就像鲍勃说的："如果法律规定财产的多数占有者为财产实际拥有者，那么我们的房子其实就是猫咪的房子了。毕竟，房子里猫咪的数量比人的数量多多了。"

玩具的乐趣

问：我的猫咪印帝，已经 5 岁了，他的精力非常充沛，已经充沛到让我筋疲力尽的地步了。即使我已经给了他足够的关心，他还是总缠着我，要我和他玩。请问，有没有什么安全的玩具，能够让他玩耍，同时我也能够有一点空闲时间，不用在他不停的抓挠之下看书？

答：你确定你的猫不是一只披着猫皮的拉布拉多狗？每当看到成年的猫咪依然喜欢玩耍的时候，我都会禁不住笑了起来。但是我对你想要看书、看电视或者在电脑前工作的时候不受印帝骚扰的要求深表同情。

印帝似乎对运动有无限的热情。因为当地的体育馆不欢迎不戴牵引绳的猫咪在里面进行体育运动，所以你需要把运动带到猫咪面前。我说的不是把一只活生生的老鼠放在印帝面前，让他去追逐或者是在起居室里种一棵树让他攀爬，尽管他可能非常喜欢这两项运动。但是一定要为他们准备好一些跳跃的地方——也许是有好几层的铺好毯子的猫爬架，也许是可以俯瞰整个房子的角落架。

另一个建议是鼓励印帝和自己的食物要一要，只要不是用磨成粗粒的食物把碗填满就好，让用餐时间变成美味的打猎时间。舀起一点粗粒状的食物，在长长的楼梯上，每一级放一点，让印帝嗅闻然后吃掉。每天早上在你离家上班之前、晚上回家之后，想要放松一下，就可以和他玩这个游戏。你也可以把零食放在一个漏食球里，这样的球会有一个小洞。在猫咪推动或者抓挠的时候，球就会移动，零食就会散落出来，每次洒一点，作为猫咪运动的奖励。在他进行食物狩猎的时候，要注意观察印帝。

🐾 猫咪小常识

不要让一些乡野传说歪曲事实。兽医毒物学家的报告指出，只要你按照产品的使用指导行事，家用织物除臭清新剂就不会对猫咪产生不安全的效果。

作为《猫薄荷》杂志的编辑，我很享受检测产品的机会，包括为猫咪朋友设计的玩具。还有一些产品是经过《猫薄荷》团队自己的检测猫咪检验的，他们对这些产品表示满意。

盒子里的球。这些玩具在猫咪眼中就是鲁比克魔方。有些更为人熟知的是方形小块组成的盒子，顶部和侧边开有小洞，在放进玩具球之后，可以让猫咪把爪子伸进去，把球掏出来。

不停转圈的球。对于那些喜欢追跑的猫咪，可以找一个猫咪用爪子重重拍一下就可以不停地沿着塑料跑道转圈的球，在有些跑道中心处，放的是弄皱纸板，纸板上插着猫咪可以抓挠的小垫。这个玩具不仅可以锻炼猫咪的追跑技能还可以磨砺他们的爪子。

移动的玩具。装有电池的玩具可以通过遥控装置进行控制，模仿昆虫的不规则运动。有些玩具则是以人们喜闻乐见的形式出现，例如加菲猫。

最后的建议：每天还要留出 10~15 分钟和印帝一起玩耍，通过遥控器训练或者训练他的灵敏性（见后页中的"咔哒咔哒，训练你的虎斑猫"和"培养猫咪运动员"）。你所做的就是建立他的信心并使其保持良好状态。尽管让猫咪保持忙碌的玩具很重要，但是绝对不要把它们作为需要你和活泼好动的 PUP（哦，我的意思是小猫咪）建立特殊联系时的替代物。

"禁止清单"上的玩具

下列这些玩具不要让猫咪玩耍，这些玩具非常容易被猫咪吞下去或者缠在脖子上。

- 纱线
- 牙线
- 橡胶带
- 曲别针
- 塑料袋
- 悬挂着的窗帘绳

在阴影中散步

问：在散步的时候，我的 4 只猫都愿意跟着我和狗狗一起出去，但是走过一两个街区后，他们就放弃了。瑞利则非常顽固，不管我们走多远，她都不愿意跟在后面。她吼着、叫着，直到我停下来等她跟上来。所以我们的散步总是在"等着"瑞利跟上来的时候变得很短，可是有一次，她一路跟着我们一直走到了网球场，她穿过街道和开阔地而没有落在后面。为什么她在看起来有压力的时候会跟着我呢？

答：这就是常说的猫咪看到了，才会跟随你。很显然，瑞利是一只非常有信心的猫咪，她信任你、信任你的狗狗、信任你周围的事情，当然还有她自己。猫咪通常在感到有危险的时候，是不会走在开阔地带的。他们更愿意藏在灌木丛中，如果遇到危险，就潜行到距离自己最近的树丛中。

但是这种情况不适用于瑞利夫人，这种习惯取决于她的强悍的性格。我不会把她的叫声看作是压力，而是当作她对你们远足时饶舌的闲话。用欢快的语调对她回应，她只是希望成为这个小团队的一分子，你应该把这个看作是猫咪对你的恭维。

🐾 猫咪小常识

绝大多数的猫咪都没有眼睫毛。

我的猫咪考基看到任何拿着鱼竿的人，都会跟着人家跑，因为她把鱼竿和美味的蓝鳃太阳鱼联系在一起。有几次，我试着拿着鱼竿从前门

走出来，却一转弯朝后院的水塘走去，而考基则不管怎样都欢天喜地地跟在我身边，也许她觉得我只是选了一条风景比较好的路线去那个装满鱼的水塘。

听起来你家周围的环境非常安静，出行不多，而你则保持着猫狗随从队伍的完整，特别是自由散漫的瑞利。同样，我要建议训练瑞利使用为猫咪设计的护具，这样你就可以用牵引绳牵着她，以防止突然出现的危险。这对于所有猫咪都在房子里，你和狗狗准备好要出门进行一次远足或者出去跑步的时候，也是一个不错的主意。

猫科动物的意志力量

如果你在猫咪之前离开这个世界，或者生病或者丧失行为能力呢？对于猫咪你有没有什么照顾计划呢？把猫咪也包括进遗嘱中是你能够给予猫咪的最好的礼物。我建议你联系一位擅长遗产规划的律师，立好遗嘱或者建立一个信托基金能够用一种正式的方式表达你对猫咪的关心。

遗嘱和信托基金通常是在人们去世几周或者几个月以后公布的。这就是为什么要任命一位愿意在你发生一些事情的过渡阶段照顾猫咪的监护人。钱包里要准备一张"警告卡"，卡上清晰写着你的遗嘱，让朋友和家里人知道你的安排。

制定类似于此的偶发性计划并不是一个好玩的工作，但是一旦完成，能够确定你的宠物们在你去世之后也会得到很好的照顾，你就会得到一种心灵上的平静。想要获得更多信息，见本书第 229 页中的信息资源。

咔哒咔哒，训练你的虎斑猫

问：我的丈夫和我在猫咪是否能够学会一些技巧方面有不同的观点。

我丈夫相信猫咪只会取悦于自己，而对狗狗趋之若鹜的一些游戏技巧毫无兴趣。我相信如果激励正确，我们就可以训练猫咪握手、坐下和服从其他命令。我希望你能够为这个争执做出裁决，我们谁是正确的？

答： 我在此宣布，胜利者是你。人们普遍认为猫咪不是表演者，但是很多猫咪的确参加了马戏团、街头表演，并且出现在电影中。一种有效的与这种猫咪一起工作的方法就是响片训练。响片训练需要使用清晰的声音来加强这种猫咪渴望的行动。卡伦·博伊尔是一位世界知名的动物行为学家，也是第一位使用响片训练海豚的人。二十几年前，她开始将响片训练应用于狗、猫和其他家畜，她被人们称为是这项训练技巧的先驱。

响片训练是一种积极的训练技巧，需要训练者不通过强迫或者引诱就能够使动物做出想要的动作或者行为。第一条非常简单：通过鼓励正确的行为，使动物做出你希望他们做出的动作。响片训练之所以会有效果是因为这种训练方法不会涉及惩罚，你将注意力放在希望猫咪做出的行为上，而忽略其他的行为。

至于你自己的猫咪，通过响片训练还可以让你发现猫咪其他的天赋。你可以买一个小小的塑料响片，这种东西在多数宠物商店都能够买到，或者一支圆珠笔就可以。不论使用什么，能够发出清晰的声音，引起猫咪学生的注意力才是重要的。发出咔哒的声音之后，要给猫咪一点零食。在第一课，只要让猫咪知道这种咔哒声，并且将这种咔哒声和零食联系起来。

对于时机的把握是响片训练能否成功

的关键。当你的猫做了你希望她做的动作，比如抬起前爪，你就要摁一下响片，递给他一小块零食，并且立刻说"爪子"来加强这种你希望猫咪做出的行为。这时候，猫咪脑袋中就会亮起一盏灯：他开始了解"爪子"这个词和一声加强的咔哒声之间的关系。

使用响片训练猫咪按照命令坐好，要从用零食或者逗猫棒诱导他保持坐姿开始。拿着零食或者逗猫棒在猫咪头上前后移动，重力也会帮助你，当他的头跟着零食移动的时候，他的后背末端就会自然地触碰地面。当这种情况发生的时候，就咔哒一下，然后递上零食。咔哒意味着"任务完成"。如果他不坐下，就不要做任何事情，不要给他零食也不要说任何一句话。让他去想什么样的行为能够为自己赢得一块美味的零食，什么样的行为则不能。

每天，你只需要花上几分钟的时间和猫咪进行响片训练。猫科动物在短小精悍的课程中学习效果是最好的，而不是像马拉松一样漫长的疲劳课程。他们能够集中注意力的时间为 5~10 分钟。要在安静的地方进行训练课程，这样你就可以不受打扰。把训练安排在进食之前，这样饥饿的猫咪学习起来就会更有动力。

拿着响片，就可以训练猫咪学会一些基本的命令，这些命令只限定于你所想到的和猫咪的喜好之内。例如，如果你的猫咪在跟着你走进厨房的时候，喜欢前前后后地走路，你可以教会猫咪如何跳恰恰。同样，你可以教会猫咪跑滚筒、摇晃前爪，甚至根据命令发出叫声。

响片训练的美妙之处在于效果可以立竿见影。你的猫咪在心灵上可以受到更多激励，你们之间的友谊也会更加深厚。当猫咪坚持完成一些响片训练之后，让你丈夫看看猫咪的表演，看看他在面对这些猫咪的技巧时的惊喜表情吧。

（如需了解更多猫咪表演方面的内容，见本书"从流浪猫到明星猫"；如需了解有关猫咪敏捷性方面的内容，见本书"表演大师。"）

训练猫咪时的 10 条铁律

1. 在发出任何命令之前，先呼唤他的名字，引起他的注意。

2. 语言指令和手势指令要前后一致。

3. 留意猫咪的心情。在他能够接受所学知识的时候进行训练，不一定非要按照你的时间进行安排。

4. 在一个安静的时间段和安静的房间，和猫咪进行一对一的训练。

5. 心态要积极、耐心，对猫咪充满鼓励。

6. 在每次训练成功之后，不论成功有多么微不足道，要给猫咪一些零食和表扬。

7. 从"来"、"坐"和"停"这样的简单基本的命令开始。

8. 将希望猫咪学会的技巧分解为许多小部分，每次完成一个，循序渐进。

9. 每次只教猫咪一个新技巧或者行为，猫咪可不是多线操作的高手。

10. 每次的课程要做到短小、精悍——每次不要超过 5~10 分钟。

培养猫咪运动员

问：在过去的几年里，我非常享受和我的澳大利亚牧羊犬比赛看谁的柔韧性更好。这项运动非常有趣，对我们两个都非常有好处。最近我通过一个纯种猫救助组织收养了一直非常聪明的暹罗猫西蒙。西蒙 2 岁了，我们很快就熟络起来，她和狗狗一样跟着我满屋子跑，和我聊天、喜欢学习，她可以根据命令坐下、握手。我对猫咪的柔韧性有所了解，你能帮我加深一下这方面的了解吗？

答：哈哈，让出宝座吧！当在人们面前展示自己的运动才能时，狗狗并不能实现垄断。灵活地在规定时间内完成一次障碍跑，这种相当新颖的运动在北美非常流行，特别是那些性格外向的运动型猫咪。总体来说，暹罗猫因为他们的智商以及——我得说，在学习方面和狗狗一样的天性使得他们的柔韧性非常好。

猫咪的柔韧性包括限时障碍跑。猫咪通过铺有地毯的台阶、缠有编织物的柱子、跳圈、钻管道、跳跃不同高度的障碍进行竞赛，有些竞赛还包括爬梯子、爬桌子、爬斜坡等。赛事管理者通过让猫咪追逐诱饵或者目标而刺激猫咪们通过障碍。

就像你从狗类竞赛中所了解到的，准确性要比速度更加重要。竞争者通过按照顺序成功跨越障碍而获得分数。如果猫咪没有跨越障碍或者顺序错误，那么你获胜的机会就非常渺茫了。

🐾 **猫咪小常识**

家养猫咪的奔跑时速能够达到30英里①/小时，而他们生活在野外的表亲——猎豹的速度则可以达到70英里/小时。

有些猫咪的柔韧性可能非常惊人，只是外表看起来却像是宅人一族。你可以利用家里的家具为猫咪准备一堂灵活性训练课程，这些家具包括餐厅的椅子、桌面、垫脚软凳和有盖子的稳固塑料盒。开动想象力——你的呼啦圈可以用来给猫咪当作跳圈使用。不论你们是参加公开竞赛还是只是在家里进行小规模的游戏，障碍跑都可以为猫咪提供大量的运动，很好的表现机会。让游戏和乐趣开始吧！（想要了解更多关于障碍跑的信息，见本书中的"表演大师"）

① 1 英里 =1609.344 米。

唯一一个

问：我爱我们的猫咪波利（鹦鹉的俗称）。我们给她起这个名字是因为她经常盘踞在我丈夫的肩头，像一只鹦鹉。很多朋友的家里都养了两只或者更多的猫，有些人说波利如果是家里唯一一只猫咪的话，她可能会感到孤单。我们觉得她挺好。我们怎样判断她是否孤单呢，或者她就是很喜欢只做家里唯一一只宠物呢？

答：请不要因为受到心怀善意的朋友们的压力而给家里再添加一只宠物。很多人都喜欢只养一只宠物，这样他们就可以将全部精力和爱都倾注到这只宠物身上。关键在于选择一只适当的猫咪，并且尽量了解他是否对于没有同类伙伴的生活也很满意。

我的朋友黛比有一只名叫克里的暹罗猫，他们俩相依为命。黛比经常工作到很晚，但是每当她把钥匙插进前门的锁孔准备进门时，克里就在那里，嘴里叼着自己最心爱的毛绒玩具——狮子先生，欢迎黛比回家。黛比有时候连外套都没有脱，就向克里问候，然后和他好好玩上几分钟。

当黛比出门旅行的时候，她会把克里暂时送到一个朋友的家里。这只猫咪的生活只围着一个人转，而这对猫咪来说已经非常完美了。因为他已经得到了黛比充分的爱和关心，所以他并不需要其他猫咪做伙伴。

有些猫咪最好还是养一只足矣。如果这只猫咪免疫病毒阳性（FIV阳性）、领地意识很强、非常害羞或容易紧张，那么还是保持只养他的现状。和兄弟姐妹们一起快乐长大的猫咪更容易接受和另一只猫咪同居一室的生活。

和狗狗不同，独居的猫咪就算会有分离焦虑症，也很少会表露出来。你很少发现独自在家的猫咪会抓挠前门或者在毯子上挖坑——这些都是焦虑不已的犬科动物所表现出来的普遍现象。如果一只猫咪对主人过于依赖，他有很多种方式表达主人不在时的思念之情，这些行为包括过度梳洗、不断叫喊或者在猫砂盆外面排便。

正是因为波利是你们唯一的宠物，"唯一"并不意味着她非得感觉孤单或者无聊。每天，你都要确保能够和她玩耍一段时间，你可以通过和他交换猫咪玩具使她的室内生活变得丰富多彩、趣味横生。你可以和波利玩难度比较高的游戏或者追踪玩具，在电视上为她播放动物节目，给她准备猫爬架或封闭的户外观察区域。我最喜欢的两个方法就是把喂鸟器放在窗户外猫咪能够观察到的区域、家里放置一个大鱼缸。不过要善待这些鱼，你可以给鱼缸加一个防止猫咪打开的盖子。

从医学和情绪上讲，只养一只猫的家庭还有很多额外的知识需要掌握。你要能够更快地发现问题，你应该比那些养两个或者三个猫咪的主人更快注意到猫咪进食或者排便习惯的改变。注意到早期报警信号能够增加对于猫咪病症的成功诊断和治疗的机会。

> 🐾 **猫咪小常识**
> 美国的第一届猫展于 1895 年在美国纽约市的麦迪逊城市广场花园里举行。

老天！猫咪找不到了！

问：最近，我邻居家的日本短尾猫金克斯在一位维修工出门离开的时候忘记关好后门而走丢了。我们组织了邻里搜索队来寻找金克斯，我们第二天发现他藏在离家三座房子远的灌木丛里。作为两只家养猫的主人，我很担心如果猫咪们突然发现自己身处户外该怎么办。为什么对室内生活心满意足的猫咪会跑到外面去探险呢？您能给我一些如何精心照顾他们的提示吗？

答：你们的关系不错。我们所有饲养室内猫咪的人，在想到我们养尊处优的猫咪要面对外面世界的危险时，都会有点紧张。我还是个年轻人时，养了一只名叫萨曼莎的猫，她喜欢项圈上戴着一根细细的链子在我家前院里游荡。我总是在旁边监督着她，但是有一次我跑到屋子里接电话，而当我 5 分钟后出来的时候，她就不见了！链子上只剩下她的项圈。一连几天，我呼唤她的名字、寻找，但是一无所获。直到两个月后，她出现在邻居的门廊上。因为脱水，她需要兽医的治疗，最后萨曼莎终于康复了，她能重回我的身边，让我感觉很庆幸。

即使是衣食无忧的宅猫们也有捕猎的本能，也会有好奇心。室外那些景象、声音和气味可远比只是在沙发上晒太阳的诱惑大多了。猫咪们只是思考当下。当一扇门开了的时候，他们就会侧身而出。猫咪并不会做什么周密计划，如果忘记回家的路该怎么办。但是如果能够辨别出典型的丢失猫咪的行为，我们找到他们的机会就更大。

多数生活在室内的猫咪在溜出家门后都不会走很远。这样的猫咪更易于躲藏而不是逃走，因为躲藏是一种本能的反应。也就是说，他们在藏身方面是非常擅长的，而人们把他们从难以企及的藏身地点哄骗出来，确实是一项极有挑战性的工作。

了解你家猫咪的性格。这样做之所以重要是因为会帮助你找到他，你可能会饶有兴趣地发现猫咪主要有 4 种性格。我们可以分享一下找到这些猫咪之前的最佳游戏方案。

怕生人的猫咪。对于新出现或者未知的事物非常害怕。他们在家里来了客人的时候，总会跑开，躲起来，绝不再露面，直到客人离去几个小时之后才会出来。如果他们发现自己身处户外，这些猫咪很可能会因为害怕而不敢动弹，因此他们不会走远。如果你的猫咪是这样的性格，他们走丢了，最好的计划就是在家附近的地方设置一个不会造成伤害的笼子，在里面放一盘金枪鱼，引诱猫咪自投罗网。

小心谨慎的猫咪。在客人刚来的时候会消失一会儿，但是过了一会就会慢慢走进房间，看看这个新来的家伙是谁。如果你的猫咪符合这样的描述，就对房子周围进行检查，在邻居的院子里设置一个不会对猫咪造成伤害的笼子。这些猫咪在胆子逐渐大了之后，经过一两天，就会从藏身之处出来，然后就会尝试寻找回家的路。如果听到你的声音，就算是藏着的时候，也会发出叫声。

冷漠的猫咪。会避免和不认识的人接触，包括搜救队的成员。这种猫咪在藏了几天之后，最终还是会出现，他们要么在你门口喵喵叫着要你开门，要么就开始旅行。对于这些猫咪来说，最好的计划就是在附近地带准备好前述所说的诱捕笼，同时检查院子和其他距离他逃脱比较近的地方。

外向、好奇的猫咪。就像是驻在你家的大使，他们喜欢和客人们见面，并且向他们问好。如果你的猫咪符合这样的描述，那就要当心了，他很可能会因为不太容易害怕而到处游荡。最好的计划包括通知邻居，因为你的猫可能因为得到某人的欢心而被带回家进行喂养。

在寻找猫咪的时候，不要跑，因为快速的运动会让猫咪受惊，并使他隐藏到更深的地方。不要简单地请邻居帮你在房子周围寻找猫咪，可以这样询问：如果可以，你想在他们房子下面的地板和其他藏身的地方寻找。你的猫咪很可能找到你而不是去找一个陌生人。

如果你碰巧养了不止一只猫咪，而他们相处得非常好，你可以考虑把他的猫朋友放在航空箱里，在你搜索附近区域的时候，可以把他带在身边。猫朋友的味道足以使藏起来的猫咪跑出来，与其会师。

🐾 **猫咪小常识**

在 1952 年，一只名叫达斯蒂的得克萨斯虎斑猫一生生下了 420 只猫咪，从而创下了一项纪录。她在 18 岁高龄的时候，还生下了最后一窝小猫。

对很多走丢的家养猫咪，可以以几个街区为半径，以家为中心，张贴几张色彩鲜艳的海报。要让这些海报引人注目，其中包括猫咪的照片、他的名字、你的联系信息或许还可以有酬谢。还有，别忘了其他渠道，如当地的兽医诊所、当地的动物收容所、动物管理中心和当地的警察部门。

下面还有最后一项策略：如果可能，把后门的滑动门或者车库的支撑门留下 10~15 厘米。也许猫咪会等到天黑以后才从藏身之处出来，如果觉得安全了，也许他们就会回来的。你可能在某个早上起床的时候，看到"走丢"的猫咪正坐在自己的饭碗边大嚼呢。

让我们看看一些身份牌

问：我那只养在家里的猫咪昌西，他的项圈上有身份牌。好像这只猫从来也不想到外面去。我家的比格犬则正好相反，在我呼唤他回家的时候，并不会回来。我为狗狗做了微芯片身份牌，但是我觉得昌西并不需要这样的身份牌。我这样有什么不对吗？

答：即使昌西喜欢室内生活，他也会走丢。我们无法时刻控制猫咪的行动，可能在一次乘车出行的旅途中、也可能家里的某扇门没有关好，或者其他情况下，他就走丢了。

近些年来，制作微芯片身份牌的工作已经被宠物主人们广泛接受，如果能让走丢的宠物和主人高兴地重逢，这块芯片就可以称得上是无价了。你可以和兽医或者当地的动物收容所取得联系，以了解更多信息。每个月中都会有几天或者在一些特别活动期间，很多诊所和收容所都提供打折的微芯片身份牌。

就算昌西带着身份牌活动，他也会把项圈弄丢，这就是我强烈推荐让猫咪佩戴微芯片身份牌的原因。微芯片不能保证让你走丢的猫咪自动回来，但是肯定会增加找回猫咪的机会。

微芯片植入的过程非常迅速，基本上是无痛的。你的猫咪不需要进行麻醉，兽医会使用一种特殊的注射器将微芯片植入猫咪肩胛骨之间的皮肤（大约有一粒米大小）。如果发现一只迷路的猫咪身上没有明显的可以识别身份的标志，就会被送去用特别探测棒进行扫描，这种设备在动物收容所和诊所都是非常常见的。借助芯片就可以找到猫咪主人的联系信息、兽医诊所以及芯片制造商的信息。

让人难过的是，将芯片植入猫咪的主人中，有 40% 未能采取最后一步，这块芯片如果没有包含宠物主人的信息，就一点用处也没有。所以，你一定要将登记文件填写完整并将其邮寄到制造商手中（用一次性平信），或者寄给全国恢复服务机构。登记信息会随着你搬家而进行信息更新，也可以通过全天候的恢复服务获得最好的保护。

这样散步

问：我的猫叫西西，她的好奇心非常重，性格也很温和。我们在一所公寓住了几年之后，刚刚搬到一个环境优雅、宁静的社区。我很想带着她出去，让他了解一下外面的情况。我不希望冒西西走失的风险，所以我想教会她戴着牵引绳散步。我应该怎样做呢？她会接受牵引绳吗？

答：能否成功训练猫咪戴着牵引绳在外面散步首先有赖于你的态度。相信我，猫咪能够看穿我们虚张声势的把戏，如果你有些不安、对这个办法信心不足或者变得不耐烦，你的猫咪可以很清楚地读出这些信息。

第二，要留心这条有关猫咪的主要规则：当戴着牵引绳出去闲逛的

时候，发号施令的是猫咪，不要指望
西西会像一只在服从课程中名
列前茅的狮子狗一样围在你身
边。西西领头，而你，跟着。

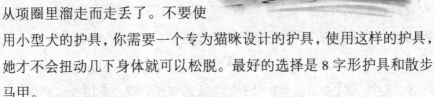

第三，只有一根牵引绳是
不够的。你需要给西西戴上护
具，这样她就不会变得神出鬼没
从项圈里溜走而走丢了。不要使
用小型犬的护具，你需要一个专为猫咪设计的护具，使用这样的护具，
她才不会扭动几下身体就可以松脱。最好的选择是 8 字形护具和散步
马甲。

护具训练最好通过下面几个步骤完成：

1. 当你带着护具和链子回家的时候，把它们放在西西的饭碗或者
   抓挠柱旁边几天，什么也不要说，让他自己慢慢靠近，了解情
   况。

2. 当西西比较放松、心满意足的时候，用护具和牵引绳和西西玩一
   些小游戏。悬着护具在猫咪面前摇晃，引诱她去扑抓。拉着牵引
   绳在地板上滑动，让她追逐、猛扑。你可以让猫咪将这些工具和
   乐趣与游戏联系起来。

3. 接下来，在房子里为西西戴上护具，然后对她大加赞扬，并给她
   一些零食。让她戴着护具在房子里自由地走动。如果她挣扎或者
   想要把护具从身上挠下去，要平静地把护具拿下去，然后在再次
   尝试之前，重复第 2 个步骤。如果她看上去一切正常，就让她戴
   着护具待上几分钟，然后把护具取下来。

4. 现在是时候给穿着护具的猫咪戴上牵引绳了。重复一下，在这个

过程中一定要关好门，并观察西西接受的程度。不是所有猫咪都喜欢护具，你必须尊重他们自己的喜好。

5. 一旦她接受了戴着护具在房子里散步这个情况，你们就已经做好出门的准备了。将你们第一次出门限制在一个安全的范围内，例如后院、门前的走廊，别忘了，其目的在于慢慢形成每一步的成功。

6. 几天之后，你们应该准备好走到车道，可能还可以再走远一点，到人行道那里去。要选择社区比较安静的时间以避免可能出现的打扰。

你希望将这个过程变得非常快乐。除非你养了一只非常想进行远足的猫咪，否则要确保行程非常简短。如果你住在一个非常繁忙的街区，就把猫咪放在一个手推车里，找一个安静的地方，例如公园，在那里，她会觉得更加安全。

我的猫墨菲就是一只骄傲地戴着护具和牵引绳散步的家伙。我觉得她在看到我抓着两只狗狗的牵引绳出去散步的时候，有点妒忌他们。于是当我回来的时候，我经常会拿出护具和牵引绳说："想不想出去？"她就会和我比赛，看谁先冲到前门。和狗狗散步，距离是关键，但是墨菲更喜欢走走停停，闻闻鲜花，笨手笨脚地在洒满阳光的人行道上走着，偶尔还扯一片草叶换换口味。我们不会走太远，但是我们简短的行程对于墨菲来说却总会充满各种探险的乐趣。

帮帮我的那只恨透了诊所的猫咪

问：我实在是害怕带着猫咪去诊所进行定期检查。就算是我因为有

事耽搁，没有带他去，奥斯卡好像也能猜出我会带他去诊所，然后他就会藏在床底下，当我尝试把他拉出来的时候他还会抓我。他一路吼叫着到达诊所，简直成了一个恶魔猫咪，带他去兽医诊所进行检查对我来说太难了。奥斯卡是一只生活在室内的非常健康的猫咪，我能不再带他去看医生吗？这个过程好像是折磨的成分要多于帮助。

答：多数猫咪都讨厌三件东西：汽车、航空箱和诊所。奥斯卡最喜欢的 10 件东西里，绝对不会包括这 3 件了。即使你觉得没有向他透露任何信息，奥斯卡还是能够从你身体散发出来的化学物质（你变得更加焦虑了）和身体语言（你的肌肉变得更加紧张）中感受到，所以他就要开始向床下冲刺了。

> 🐾 **猫咪小常识**
>
> 猫有 290 根骨头，而人类则有 206 根骨头。

　　有些猫咪在专门接待猫咪的诊所进行检查的时候，表现得不错，因为这里没有人见人怕的狗狗在大厅里游荡。但是像奥斯卡这样的猫咪，如果他们在家里接受检查，可能表现得更加出色。担惊受怕的、有攻击性的和害怕人类的猫咪如果是在自己的地盘上，兽医可以通过检查获得更加准确的健康信息。例如，有些猫咪由于要在诊所进行检查，他们的血糖和血压水平就会飙升。而上门应诊的医生还可以收集能够对医疗条件有所帮助的信息，他们要了解猫砂盆的位置以及猫咪与家里其他宠物是如何相处的。

　　请兽医上门应诊对于养了 3 只甚至更多猫咪的人来说，非常合理，一次把所有猫咪都带到诊所，几乎是不可能的，所以还是忘了吧。你承担的风险就是可能有一只猫咪逃跑或者你的精神承担更大的压力。采用这种方法，就可以一次对猫咪进行护理，而不是要进行多次预约。

上门应诊的兽医同样也需要适应主人们的计划，他们很难在孩子的足球赛和乐队练习空档期间将自己的猫咪都塞到一次预约时间解决问题；对于不会开车的人来说，也是个好消息；而对那些可能自己就有一些健康问题的人来说，这真是帮了他们大忙；对于名人们来讲，这种服务可以使他们免于在诊所门口面对一大群拿着照片要求签名的粉丝了。

上门应诊的收费并没有像你想得那么离谱，但是价格确实是存在地域差异的。所以你可以通过预约一位上门应诊的兽医让你的胳膊免受抓挠之苦，也可防止奥斯卡的紧张程度不断飙升。查一下你家的黄页或者上网搜索一下，能够找到很多提供这种服务的诊所。

呀！我们上路！

问：大约 6 个月后，我就要和我 11 岁的猫咪米莎搬到一个新公寓里了。我想知道怎样做才能让这次搬家对米莎造成尽量少的压力。她曾经有过尿路方面的疾病——现在都已经痊愈了——从此就养成了梳理过度甚至撕扯自己毛发的习惯。她整天都是独自在家，但是我每天晚上回家都会陪她玩耍。我想说的是她有点过度紧张，您有什么建议让我们这次搬家对她来说能够进行得比较顺利呢？

答：搬家对每个猫咪来说都是很大的压力。猫咪不喜欢自己的生活规律被打破。家具已经被搬走，各种东西也已经打包，还有陌生人在猫咪的"城堡"中出出进进，所有这些都打击着他们的自信，还会引发一些人们不希望看到的行为（例如藏起来、拒绝进食或者在不适当的地方排便）。

猫咪也有领地意识。他们不喜欢有人把家里属于自己的领地腾空，在一个新的陌生地方，他们会觉得不安全，新的声音、新的景象和新味道都会造成压力，他们需要找一个安全区域。

你提到米莎有点过度紧张。因为搬家需要家里所有成员的努力，你也会感觉到压力，而她会察觉到你紧张的信号。如果你心情焦躁，那么她可能猜测有些非常糟糕的事情发生了。

值得庆幸的是，你可以做很多准备工作，让米莎做好搬家的准备。最重要的步骤就是在搬家之前一段时间，让米莎知道：待在航空箱里能够感觉到安全。开始的时候，可以把航空箱放在米莎喜欢打盹的地方，箱子里面放好舒服的毯子，把门打开。如果她喜欢，可以在里面撒一些猫薄荷。你为米莎对这个航空箱和良好事物创造了联系。

当米莎在航空箱里显得很舒服的时候，就把她关在里面，带着她把箱子放在车上，只是和她在车上待几分钟，并不需要发动引擎。慢慢地，可以带着米莎来一段时间很短的行程。

随着搬家日期的临近，要尽量坚持原来的生活规律。听起来有点奇怪，给米莎讲讲搬家的事情和将要发生的事情，要用一种乐观、积极的语调。是的，她听不懂你的话，但是她能够读懂你的心情和姿势。让她闻一闻、了解打包用的盒子、胶带和其他搬家用的设备。

我建议你和米莎都服用一种叫做急救花精的草药混合剂。这种处方药是一种植物精油混合药剂，在宠物用品商店和普通药店都能够买到，这种药没有毒副作用，也不会成瘾。在你喝水用的杯子里放一勺，然后在米莎的耳朵上擦上几滴（药可以通过她耳朵上的毛细血管被吸收）。有些猫咪可能需要医生开一些镇静剂——但这些工作要提前和兽医进行商量。

如果有可能，提前将一件你已经穿过但是没有洗的 T 恤邮寄到新家里。没错，这是一个有点奇怪的要求，但是房地产经纪人可以满足你的任何要求。你可以让房地产经纪人或者房东用旧 T 恤在房子的墙裙上擦来擦去以营造一种"似曾相识"的感觉，这可以使米莎很快就会有家的感觉。

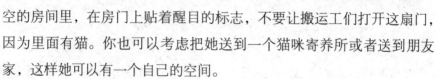

在搬家那天，要把米莎放在航空箱里，把箱子放在一个已经搬空的房间里，在房门上贴着醒目的标志，不要让搬运工们打开这扇门，因为里面有猫。你也可以考虑把她送到一个猫咪寄养所或者送到朋友家，这样她可以有一个自己的空间。

当你把新家里的事务都安排好之后，先把米莎和她所有的便利设施（饭碗和水碗，猫砂盆、床、玩具）都放在一个封闭的房间里，把航空箱也放在房间里，如果她需要，可以藏在里面。也许放一点音乐可以掩盖拆开包装时发出的让她不安的声音。在你带她熟悉公寓其他房间之前，让她自如地花上一天时间探索整个房间。

这些办法可以帮助所有猫咪，包括像米莎这样非常容易紧张的猫咪在新家里找到自在的感觉。祝好运！

表演大师

猫咪障碍赛，是爱猫者协会最新也是最令人激动的活动。这项活动已经席卷了美国、日本和欧洲。虽然和狗狗障碍赛的理念相似，但是还是有很多显著的区别。当猫咪进入有支架的圈时，他需要时间对里面的情况进行了解。当猫咪的尾巴竖起来的时候，表明自己已经准备好了。当主人用一个纸团、玩具或者一束激光鼓励猫咪进行攀爬、行走、跑过圆环和管、尽量向杆子高处爬的时候，表演指挥者就开始计时。

纯种猫、混血家养宠物猫和从动物收容所收养的猫咪都可以参加

比赛。观看猫咪如何应对障碍可以
为动物学家研究差异性和品种溯
源提供一些意想不到的启发。

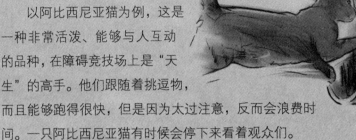

以阿比西尼亚猫为例，这是
一种非常活泼、能够与人互动
的品种，在障碍竞技场上是"天
生"的高手。他们跟随着挑逗物，
而且能够跑得很快，但是因为太过注意，反而会浪费时
间。一只阿比西尼亚猫有时候会停下来看着观众们。

日本短尾猫是另一种障碍赛顶级选手。最近在纽约麦迪逊广场
花园举行的展览上，一只6个月的短尾猫仅用了17秒就完成了整
个障碍赛。这个活泼的品种对于挑逗物的反应非常强烈，但是也容
易感到无聊。参展者们已经知道可以跳过允许的练习过程直接进行
比赛。

在最有实力的参赛选手中还有一种，就是土耳其梵猫，这种猫强
壮有力、身形巨大、毛长，他们的纪律严明，不会错过任何一个障碍。
缅因猫也能够完成全部项目，只是需要花费较长的时间，他们喜欢思
考，经常会停下来，也许会在进入管道之前先想一想，里面会有些什么。

暹罗猫以及其他东方品种的猫很容易受到干扰，他们对挑逗物会
有所反应也能够跑得很快，但是可能会走开、坐下，他们只是不愿意
在很匆忙的情况下完成任何事情。康沃尔帝王猫也有些定力不足，但
是一旦他们决定了，就会迅速行动。

波斯猫在障碍赛表演中的表现非常令人捧腹，他们通常都无所畏
惧而且专心致志，他们对于诱惑非常专注，通过管道、跳过障碍。成
年的波斯猫虽然不如其他品种动作迅速，但是他们可以站在顶层台阶
上摆出各种造型，让大家膜拜他们的风姿。

猫咪品种评比裁判琼·米勒提供

> ## 猫咪大副
>
> 猫咪对于那些生活在船上的海员来说，是理想的伴侣。最好的航海猫毛短（在咸湿的空气里能够保持清洁）、有爪（如果从船上落水，还能够爬上绳梯）。他们可以在航空箱里舒服地享受旅程，也容易相处，他们还乐于接受戴上牵引绳的训练，也很容易接受佩戴护具。

在路上

问：我丈夫就要结束他在波士顿的实习医生生活了。我们计划在他结束之后，开车横穿美国，搬到西雅图去。我有点担心我的猫咪露西将要面临的是一次漫长的旅程。当我们在家的时候她喜欢聊天，需要我们的关注。她曾经坐在航空箱里去过兽医诊所，也尝试过一些短途旅程，有时候她会喵喵叫，有时候她非常安静。一想到要带着她进行好几天的旅行，就让我觉得紧张，但是我们想看看田园风光。您有什么建议吗？

答：带着猫咪进行横穿全国的公路之旅，绝对是对你耐心的考验。如果一切进展顺利，在你们到达西雅图的时候，露西几乎可以登上 AAA 的海报了。

我知道你要面对的是什么，多年前，我自己就曾经开着车，带着两只猫从佛罗里达南部搬到宾夕法尼亚东部。我的两只猫咪小家伙和考利被分别装在航空箱里，用安全带固定在后座。考利在旅行过程中一言不发，而小家伙自从上路就开始像个想要破纪录的歌唱家一样引吭高歌。可怜我的耳朵啊！到了第二天，我很明智地给了小家伙一点急救花精，这是一种天然植物精油混合物，能够有效地让小家伙平静下来。在剩下的旅途中，他只是偶尔发出了几声喵叫。

我们试着从露西的角度来理解这次旅行。这是一次充满各种吓人而又陌生声响的旅程，空调或者暖气发出的嘶嘶声，还有收音机发出的嘟嘟声。被关在笼子里，是旅行中最安全的方法，她不知道要面对什么、要去哪里——她看不到窗户外面的景象，她显然也不知道怎样看地图。一路上，汽车的震动和摇晃让她心神不宁，甚至会让她生病。到了晚上，她又会被装在箱子里带到一个陌生的旅馆房间，安顿下来，然后睡觉。

还有一个问题就是上厕所。我给每只猫咪的航空箱都装了一个微型猫砂盆，如果想要在时速 65 英里、不断颠簸的情况下解决问题，他们需要依靠自己的平衡性和柔韧性。

露西之前已经经历过一些终点并非兽医诊所的旅行，这是件好事。她需要把被放进航空箱和一些积极的事情联系起来，我鼓励你继续带她进行这样有趣的出门旅行，让她充满欢乐的"里程"能够累积起来。

在旅途之中，不要尝试把露西从航空箱里抱出来放在你的腿上。行驶中的汽车对于猫咪来说，最安全的地方就是航空箱。如果猫咪受惊了，他们的第一个想法就是找个地方躲起来——比如刹车下面或者座椅下面。这是绝对危险的！

如果每天晚上，你们到达旅馆之前，露西都不排便也不吃东西，不要大惊小怪。当她从乘车经历中平静下来之后，她就会愿意使用猫砂盆、进食和喝水了。

在你们去一家可以在大厅就餐的餐厅吃饭的时候，不要把露西留在车里，特别是在特别炎热或者寒冷的季节。在这种情况下只要几分钟，猫咪就会生病，甚至会因为中暑而造成死亡。找一个能够让你拎着航空箱用餐的餐厅，比如户外咖啡馆。

如果你的猫曾经有不舒服的现象和想要呕吐的迹象，要提前咨询一下兽医做好正确的防晕车准备，这可以让你们一家的旅程都轻松些。

猫咪旅行准备清单

在你带着猫咪上路之前，要为猫咪做好以下准备：

- 通风良好的航空箱
- 瓶装水和防遗洒的碗
- 方便食物、小碗和零食
- 最喜欢的玩具
- 舒服、气味熟悉的毯子
- 链子和空闲的项圈，写有你联系信息的猫咪身份牌
- 猫咪急救箱
- 旅行用猫砂盆、猫砂和清理设备
- 非处方镇静药，如急救花精
- 猫咪的照片，以防止猫咪走失
- 猫咪的医疗记录
- 卫生纸和塑料袋

寄养还是不寄养？

问：我们计划明年夏天到欧洲度过 3 周的假期，包括我的双亲、丈夫和孩子。大家都很兴奋，但是我们却不知道是把猫咪寄养还是应该请一位宠物保姆。因我们这次是全体出动，也没有请过宠物保姆，两种选择都耗费不菲，但是我们不想在出门的时候担心这些猫咪。我们家的猫咪邦妮和克莱德是一对大约 4 岁的同胞兄妹，他们的关系非常亲密。他们基本上都生活在室内，周末会跟着我们去拜访父母，没有出现过什么意外情况。哪种选择对他们来说是最好的呢？

答：你不会遇到很多带着护照旅行的猫咪，家才是猫咪心灵的港湾。如果他们是人，那么有些应该是旷野恐惧症患者。因为你的猫咪可能会

选择待在家里，那么选择请人照顾猫咪是值得考虑的。这种选择的好处是邦妮和克莱德不用离开家，继续他们的"物质享受"。尽管你不在家会让他们的日常生活规律被打乱，但是他们依然会被熟悉的气味所包围，他们在自己的地盘上会觉得很自在。

和猫咪度假地一样，宠物保姆是一个新兴的行业。我建议先拜访一些全国性的组织，如宠物保姆国际组织、全国专业宠物看护协会等注册、签约或者隶属于上述组织的专业看护人员。这些宠物保姆训练有素，了解如何给猫咪喂食、安排医药以及清理猫砂盆。他们还可以为你家的植物浇水，确保家里的门窗完好无损，收好信件和报纸甚至会帮你倾倒垃圾。

不利因素在于，这些宠物保姆非常繁忙。他们通常每天到你家检查一次或者两次，如果邦妮和克莱德出现健康问题或者什么不幸事故，那可能就需要 24 小时有人看护。

如果你够幸运，有一个信得过的朋友、亲戚或者邻居，愿意帮你照看房子和猫咪，这也不失为一种选择。我并不倾向于请一位在校学生或者非专业人士来充当宠物保姆，他们的动机就是钱，不会把猫咪的需求放在首位，不是说他们故意如此，而是说他们对猫咪的需要并不了解。一定要写出一份关于如何照顾猫咪以及如果出现健康方面的紧急情况该怎样做的书面清单。

🐾 猫咪小常识
猫咪发出"呼噜"声的频率大约为每秒钟 25 次。

现在我们可以考虑一下寄养所这个选择。除了传统的兽医诊所寄养所，还有越来越多的特别猫舍能够满足你所有的奇特想法。这些机构接待的不是狗，而是猫。有些地方就像是小型公寓，包括电视机、铜管乐

队演奏的音乐、豪华的床甚至还
是双层的、眺望窗台和其他的
猫咪服务设施。粗略计算，北
美至少有 9000 家寄养猫舍，
这个数字还随着出门旅行的人
越来越多而不断增长——越来越
多的人愿意为了宠物花费重金购买豪华的寄
养设施。

　　如果你决定寄养邦妮和克莱德，就找那些只接受猫咪的猫舍，特别
是如果你的猫咪没有和狗狗耳鬓厮磨的经历。猫咪的环境必须更加能够
抚慰猫咪，没有狗狗的吠叫、抱怨和嚎叫。在预订之前，先去拜访一下
而不是盲目相信广告上或者电话通话时的说辞。

　　当你去拜访的时候，要注意员工与他们的猫咪客人是怎样互动的。
你肯定希望"猫咪保姆"能够拥抱你的猫咪，并叫出他们的名字。询问
一下这里工作人员与猫咪的比例，是否 24 小时有人值班，是否有兽医
处理紧急医疗问题。这个猫舍必须干净，你不应该闻到任何异味。仔细
观察来这里的猫咪，看看他们是神态满足还是行为乖张，受到惊吓。别
忘了带着邦妮和克莱德一起来，他们是很亲密的伙伴，待在一起会帮助
他们在离开家的时候克服压力。

　　因为你的旅行只有几个月的时间就要开始了，我建议先在中意的猫
舍寄养邦妮和克莱德一晚上。如果你去接他们的时候，发现他们非常抑
郁，那就是他们猫舍生活的不良信号，就算是豪华的猫咪公寓，也不适
合他们。

　　所以，我会怎么做呢？这真的很难说。尝试寄养几天，等上一两周
的时间，然后计划下个周末出门，把邦妮和克莱德留给一位宠物保姆，
看看他们的反应如何。你应该能够从他们的行为中判断出来哪种选择对

猫咪最有利。就像他们的名字一样，你希望让他们一直快乐。

> ### 🐾 猫咪小常识
>
> 普斯可以说是猫科动物中的长寿者，这只英国猫于 1939 年以 36 岁的高龄去世。

猫咪年龄与人类年龄的对比

了解猫咪的年龄可能是一个令人困惑的过程。"猫的 1 岁等于人类 7 岁"的神话，只能说——是神话。猫咪在 7 岁时，就算是比较年长了，12 岁的时候，就已经步入老年了。

没有什么科学的方法能够将猫咪的年龄换算为人类的年龄，专家称 1 岁的猫相当于 15 岁的人。下面列出的对比可以帮你了解人与猫年龄的对比。

猫咪年龄	对应人类年龄	猫咪年龄	对应人类年龄
1	15	12	64
2	24	13	68
3	28	14	72
4	32	15	76
5	36	16	80
6	40	17	84
7	44	18	88
8	48	19	92
9	52	20	96
10	56	21	100
11	60		

专业顾问

爱丽丝·穆恩－法尼利是马萨诸塞州北格拉芙顿塔夫茨大学康明斯兽医学院获得证书的应用动物行为学家和临床医学副教授。她在动物行为中心执业，这是一家提供远程咨询服务的机构。她就读于康涅狄格州大学，并获得了病理学和猫科动物遗传学的硕士和博士学位。作为一名猫、狗以及狼行为方面的专家，穆恩－法尼利博士是《猫薄荷》和《你的爱犬》杂志的定期撰稿人。

琼·米勒是一位全品种裁判，也是国际爱猫者协会（CFA）的法定合作者，该协会是世界上最大的纯种猫注册机构。作为有着超过 20 年经验的育猫人，她被认为是育猫史、基因组成和各品种猫性格特点等方面的顶级专家之一。她还曾经担任维恩猫咪基金的主席，这是一个致力于资助、奖励猫科动物研究的非营利性组织。她现在住在圣迭戈。

阿诺德·普洛特尼克是一位获得美国兽医内科医学和美国兽医职业医师协会双重认证的兽医，他还是具有专业资格的猫科专家之一。普洛特尼克医生在纽约经营着一家只面对猫咪的诊所，名叫曼哈顿猫咪专家诊所。他还担任《猫薄荷》杂志的医学编辑，每个月为《爱猫》杂志的医学专栏撰写文章，还是兽医论坛的编辑意见委员会成员，为 CatChannel.com 网站提供建议。他在戈恩斯维尔的佛罗里达大学获得了兽医学博士学位。